高等院校医学实验教学系列教材

有机化学实验

主　　编　邹　燕　庄春林

副 主 编　苏　娟　赵庆杰

编　　委（以姓氏笔画为序）

庄春林　苏　娟　邹　燕

沈颂章　张　弛　张彤鑫

孟祥国　赵庆杰　俞世冲

姚惠琴　柴晓云　盖聪昊

谢　斐

科学出版社

北　京

内 容 简 介

本教材以药学类等专业本科生为教学对象，根据相关专业人才培养方案及有机化学课程特点而编写。本书共设三部分，第一部分介绍实验室安全事项、常用仪器、实验装置等基本知识。第二部分为实验操作，内容涵盖有机化学实验的基本操作技术（液液萃取、液固萃取、蒸馏技术、重结晶、柱色谱等），有机化合物的分离纯化（天然产物的提取、外消旋体的拆分等）及性质鉴定（熔点、旋光度测定，性质实验），综合性合成实验（阿司匹林、乙酸乙酯、肉桂酸等的制备）。第三部分为附录，介绍常用化学试剂的基本性质、危险系数及应急处理方法，有机化学常用软件、参考书、网站、期刊等。

本书适合药学类等专业本科生使用。

图书在版编目（CIP）数据

有机化学实验/邹燕，庄春林主编．—北京：科学出版社，2024.1

高等院校医学实验教学系列教材

ISBN 978-7-03-076526-0

Ⅰ．①有… Ⅱ．①邹… ②庄… Ⅲ．①有机化学–化学实验–高等学校–教材 Ⅳ．① O62-33

中国国家版本馆 CIP 数据核字（2023）第 189554 号

责任编辑：胡治国/责任校对：宁辉彩

责任印制：赵 博/封面设计：陈 敬

科 学 出 版 社 出版

北京东黄城根北街 16 号

邮政编码：100717

http://www.sciencep.com

三河市骏杰印刷有限公司印刷

科学出版社发行 各地新华书店经销

*

2024 年 1 月第 一 版 开本：720×1000 1/16

2024 年 9 月第二次印刷 印张：7 1/2

字数：168 000

定价：36.00 元

（如有印装质量问题，我社负责调换）

前　言

有机化学实验是和有机化学理论课相匹配的一门实验课程，本教材结合有机化学当前发展的趋势热点，对照药学类等专业本科人才培养方案的要求编写。

本着“结合理论，夯实基础，联系应用，紧跟前沿”的宗旨，本教材力求体现学科发展的新技术新方法，满足多专业高素质人才培养需求及信息化数字化教学需求。我们结合多年有机化学实验教学及教改实践经验，参考国内外出版的有机化学实验教材和相关文献，编写了本教材。为了使学生牢固地掌握有机化学基本操作技术，进一步巩固理论知识并加以应用，培养学生独立思考、勇于创新的科研精神，本教材在内容上做了提炼，精选了有机化学实验必备的基本操作，经典的分离提取实验，综合性合成实验和化合物性质鉴定；增加了先进的实验装置，兼顾环保安全的试剂、反应及有机化学发展的新技术、新方法。附录部分介绍了常用化学试剂的基本性质、危险系数及应急处理常识，有机化学常用软件、参考书、网站、期刊等，以供学生参考。

在本教材编写过程中，全体编委付出了辛勤劳动，各级领导和相关科室给予大量支持，为此我们衷心地表示感谢。由于水平有限，书中难免有疏漏之处，恳请读者批评指正。

编　者

2022年5月20日

目　录

第一部分　实验安全及常识 ······ 1
第一章　实验室安全 ······ 1
第二章　有机化学实验常用仪器 ······ 7
第三章　实验要求 ······ 14
第二部分　有机化学实验 ······ 18
实验一　液液萃取及其应用 ······ 18
实验二　常压蒸馏 ······ 21
实验三　减压蒸馏 ······ 23
实验四　旋转蒸发 ······ 25
实验五　水蒸气蒸馏 ······ 27
实验六　糖类化合物旋光度的测定 ······ 30
实验七　重结晶 ······ 33
实验八　熔点的测定及有机物的鉴定 ······ 35
实验九　薄层色谱 ······ 39
实验十　柱色谱法 ······ 42
实验十一　生物碱的提取和纯化 ······ 44
实验十二　阿司匹林的制备及精制 ······ 46
实验十三　乙酸乙酯的制备 ······ 48
实验十四　肉桂酸的制备 ······ 50
实验十五　邻硝基苯酚和对硝基苯酚的制备 ······ 53
实验十六　外消旋 α-苯乙胺的手性拆分 ······ 57
实验十七　各类有机化合物的性质鉴定 ······ 59
第三部分　附录 ······ 62
第一章　常用化学试剂 ······ 62
第二章　化学危险品标识 ······ 105
第三章　有机化学常用软件、参考书、网站、期刊 ······ 106

第一部分　实验安全及常识

第一章　实验室安全

一、有机化学实验规则

有机化学是一门实验科学。通过实验，不仅能使学生验证和巩固课堂所学的基本知识，还能使学生掌握基本的实验技术、培养学生严谨的科学态度和作风，以达到使学生具有独立工作、独立思考及分析解决问题能力的目的。为了确保有机化学实验安全、正确、有效的进行，培养学生理论联系实际、实事求是、勇于创新、严谨的科学态度和良好的实验习惯，学生必须遵守并执行实验规则。

1. 实验前必须认真预习有关实验内容，明确实验目的和要求，了解实验的基本原理、步骤和方法，弄清各步实验操作的意义，安排好当天的实验计划，写好预习报告。

2. 按时进入实验室，中途离开必须向指导教师请假。

3. 进入实验室，必须穿实验服，不得穿拖鞋、短裤、裙子；不在实验室饮水进食，不嚼口香糖；实验过程要严肃认真，集中注意力进行学习和实验操作。

4. 进入实验室后，首先应熟悉实验室及周围的环境，熟悉灭火器材、急救箱的位置和使用方法。严格遵守实验室的安全规则和每个具体实验操作中的安全注意事项。要特别注意遵守危险及易燃易爆化学品的使用规则，做好防止意外事故发生的措施。

5. 搭装仪器时应检查仪器是否完整无损、装置是否正确，除密闭实验外，整个装置应有一处与大气相通，装妥后经指导教师检查无误，才能开始实验操作。

6. 实验室应保持安静，不做与实验无关的事。实验时，精力要集中，操作要认真，观察要仔细，思考要积极；不得擅自离开；注意仪器有无漏气（减压操作）、破裂，反应是否正常，发现问题应采取适当的措施或报告指导教师。实验中要仔细观察实验现象，并把观察到的现象和结果及时、真实、完整地记录在实验报告本中，不要用散页纸、草稿纸记录，以免丢失。

7. 实验过程中，要佩戴护目镜、口罩和防护手套。

8. 遵从指导教师的指导，严格按照实验教材规定的步骤、试剂的规格及用量进行实验，切不可随意更改。若有新的见解或建议，必须征得指导教师同意后方可实施。如有疑问应立即问明。

9. 实验台面和地面要经常保持整洁，暂时不用的器材不得放在台面上，以免损坏。实验中的固体废弃物如玻璃管、滤纸、滤渣等，应放入指定的固体废物收集箱中，不得乱丢乱弃，更不得丢入水槽，以免下水道堵塞；实验产生的废水、废酸、废碱、废溶剂要倒入指定的废液桶内，不得乱倒，更不得倒入水槽；实验产生的废气要采用尾气吸收装置加以吸收处理，养成良好的实验习惯。

10. 爱护仪器和公物，自用仪器用后洗净，妥善收藏；公用仪器或器材用后放回原处。仪器若有损坏要及时办理登记补充，以免耽误后期实验的开展。公用试剂不得随意挪动位置，严格控制实际用量，用后立即盖好。

11. 实验完毕，应将实验台整理干净，关闭水、电、煤气。

12. 实验所用的化学试剂及实验所得产品不得擅自带离实验室，合成的化学产品不得品尝。

13. 值日生在实验结束后，负责打扫实验室、复原公用器材，倒净废液缸，检查水、电、煤气并关闭相关总阀，经老师检查后关闭门窗方可离去。

二、实验室的安全守则

有机化学实验所用试剂和溶剂大多易燃、有毒、有腐蚀性甚至有爆炸性，而且有机化学反应常在加热情况下进行，在操作过程中，稍有不慎或控制不当或不严格执行操作规程就有可能导致失火、中毒、灼伤或爆炸等严重事故。此外，玻璃器皿、煤气、电器等使用不当也会造成事故。但这些事故都是可以预防的，只要实验者集中注意力，提高警惕，增强责任心，严格执行操作规程，加强安全措施，就可以有效地维护实验室的安全，正常地进行实验。下列事项应引起高度重视，并予以切实执行。

（一）意外事故的预防和处理

1. 火灾的预防和灭火

（1）有机化学实验室使用的有机溶剂大多是易燃的，因此防火十分重要。防火的基本原则是使火源与溶剂尽可能远离，盛有数量较多的易燃有机溶剂的容器应放在危险品储存柜内或易燃液体安全储存柜内，实验室内不得存放大量易燃物品。

（2）实验装置安装一定要正确，操作必须规范。使用和处理挥发、易燃溶剂时应远离火源，容器不可敞口。蒸馏易燃液体时，蒸馏装置的接口处切勿漏气，余气的出口处应远离火源，最好通往室外或水槽。热源最好采用没有明火的电热恒温水浴锅。易燃溶剂绝对禁止在广口容器内加热。蒸馏乙醚等低沸点易燃溶剂时严禁明火。

（3）加热回流时必须采用具有回流冷凝管的装置，且不能用直火加热，根据液体沸点高低选择水浴或油浴。回流或蒸馏液体时应放数粒沸石或以磁力搅拌子搅拌，以防溶液因过热暴沸而冲出。若在加热后发现未放沸石，则应停止加热，待液体稍冷后再放入沸石，绝对不可在加热时放入沸石，否则会导致过热溶液暴沸冲出瓶外而引起火灾等事故。冷凝管要保持畅通，若忘记通水，大量蒸气来不及冷凝而逸出也易引起火灾。用油浴加热要防止冷凝水溅入油浴内。

（4）易燃易挥发性溶剂（如乙醚、丙酮、苯等）不得倒入废物缸内，更不可倾入水槽内，应单独收集，并进行专门回收处理。要尽量防止或减少易燃气体逸出，倾倒时要禁止明火，并保持室内通风。

（5）金属钠等易燃品不得暴露于空气中，切下的钠屑要用乙醇销毁或放入盛有石蜡或煤油的瓶中，严禁将钠屑或含金属钠残渣的废物倒入水槽或废物缸中。

一旦失火，应沉着、冷静。首先，立即关闭附近所有煤气，切断电源，移开附近的易燃物。然后，根据燃烧物的性质和火势设法灭火。锥形瓶内溶剂燃烧可用石棉网或湿抹布盖熄。小火可用湿布或黄沙盖熄。火势大时应根据具体情况采用下列灭火器灭火。

二氧化碳灭火器：是有机化学实验室最常用的一种灭火器，它的钢筒内装有压缩的二氧化碳，使用时，一手提着灭火器，另一手应握在喷射二氧化碳的喇叭筒的把手上（不能手握喇叭筒，以免冻伤），打开开关，二氧化碳即可喷出。这种灭火器，灭火后危害小，适用于油脂、电器及其他较贵重的仪器失火时灭火。

泡沫灭火器：内部分别装有碳酸氢钠溶液和硫酸，使用时将筒身颠倒，两种溶液即反应生成硫酸氢钠及大量二氧化碳。灭火器筒内压力突然增大，大量二氧化碳泡沫喷出。通常本灭火器非大火不用，因喷出的泡沫污染严重，后续处理较烦琐。

手提式 1211 灭火器：钢筒内装有二氟氯溴甲烷（CF_2ClBr）灭火剂和驱动剂氮气。使用时拉出把手上的金属插销（保险销）、按压把手即喷出灭火剂，适用于可燃液体、气体、带电设备和一般物质失火时灭火。因这种灭火剂属多卤烃类，蒸气有毒，在密闭或狭小、通风不良的场所使用后，人应迅速撤离。

无论用何种灭火器，皆应从四周开始向中心扑灭。

油浴和有机溶剂失火绝对不能用水浇，因为这样反而会使火焰蔓延开来。

身上的衣服失火，切勿惊慌乱跑，奔跑时风助火势，燃烧更旺，可用湿抹布拍打或用外衣包裹使火熄灭。较严重者应立即卧地打滚或用防火毯紧紧包住，直至火熄灭，或使用附近喷淋装置，用水冲淋灭火。烧伤严重者应急送医疗单位诊治。

2. 爆炸的预防　实验时，仪器堵塞或装配不当，减压蒸馏时使用不耐压的仪器，违章使用易燃物，以及反应过于猛烈难以控制都有可能引起爆炸。有机化学实验中预防爆炸的一般措施如下。

（1）实验装置必须正确搭装：常压操作时，切勿在封闭系统内（应有一处与大气相通）进行加热或反应，在反应进行时，必须经常检查仪器装置的各部分有无堵塞现象。

（2）减压蒸馏时，仪器不能有裂缝，用圆底烧瓶作接收器，不可用锥形瓶或平底烧瓶等机械强度不大的仪器作接收器，否则可能会发生爆炸。必要时，佩戴防护眼镜或防护面罩。

（3）使用易燃、易爆气体（如氢气、乙炔等）时室内严禁明火，并应防止一切火花的发生，如由于敲击、电器开关等所产生的火花。易燃有机溶剂特别是低沸点易燃溶剂如乙醚、汽油的蒸气与空气相混时极为危险，达到一定浓度时，遇有明火或火花甚至一个热的表面，即发生爆炸。

（4）易爆的固体如乙炔的金属盐、苦味酸盐和重氮盐等切勿敲击、重压，以免引起爆炸，其残渣不得乱丢，必须小心销毁。例如，乙炔的金属盐可用浓盐酸或浓硝酸分解，重氮盐可加水煮沸分解等。有些有机物遇氧化剂时会发生猛烈爆炸或燃烧，操作时应特别小心。存放化学试剂时将氯酸钾、过氧化物、浓硝酸等强氧化剂与有机化学试剂分开存放。卤代烷勿与金属钠接触，因反应太猛烈会发生爆炸。

（5）蒸馏乙醚、四氢呋喃等醚类化合物时，必须检查有无过氧化物存在，可用硫酸亚铁除去过氧化物后再进行蒸馏，并且严禁蒸干。

（6）芳香族多硝基化合物和硝酸酯等受热或被敲击，均会爆炸。蒸馏硝基苯时不应蒸干，以防合成硝基苯过程中生成的二硝基苯副产物过热引起爆炸，芳香族多硝基化合物不宜在烘箱中干燥。乙醇和浓硝酸混合在一起，会引起强烈的爆炸。

（7）用易燃的有机溶剂特别是低沸点的溶剂如乙醚、丙酮、苯等重结晶的产品，不能直接放烘箱中干燥，必须在空气中将溶剂挥干后才能放入烘箱中干燥，并且烘箱的门要留些缝隙，不要关牢，否则有可能引起爆炸或失火。

（8）用挥发性易燃有机溶剂重结晶的溶液放冰箱中冷冻时，瓶口应用塞子塞紧不能敞口，否则冰箱启动时的电火花可能使挥发出的蒸气发生爆炸。实验室冰箱须用特制的防爆冰箱。

（9）对于剧烈的反应要根据不同情况采取冷冻和控制加料速度等方法使反应缓和，要特别警惕含受热易分解成气体的物质的反应。

3. 中毒的预防和处理 化学试剂大多具有不同程度的毒性，产生中毒的主要原因是皮肤接触或呼吸道吸入有毒化学试剂的蒸气或粉末。在实验中，要防止中毒，必须做到以下几点。

（1）有毒化学试剂应认真操作，妥善保管，不得乱放。实验中所用的剧毒试剂应由专人负责收发并向使用剧毒试剂者提出必须遵守的操作规程。实验后，有毒残渣废液必须妥善处理，不得乱丢。

（2）有些有毒化学试剂会渗入皮肤，因此不要沾在皮肤上，尤其是剧毒的化学试剂，接触这些物质时必须戴橡皮手套，接触粉末状物质应戴口罩，操作后立即洗手。切勿让试剂触及五官及伤口。例如，氰化钠触及伤口后会立刻随血液循环至全身，严重者会造成中毒死亡事故。

（3）对于使用或反应过程中产生有毒或有腐蚀性气体（如氯、溴、氧化氮、卤化氢等）的实验应在通风橱内进行，使用后的器皿和仪器立即采取适当方法处理以破坏或消除其毒性（如盛溴的滴液漏斗可用稀氢氧化钠溶液振摇），然后再清洗干净。在使用通风橱时，实验开始后不得将头伸入橱内。

微量化学试剂溅到手上，通常用水和乙醇洗去。溅到口中尚未咽下者应立即吐出，用大量水反复漱口，冲洗口腔。如已吞下，应根据毒物性质给予解毒剂，并立即送医疗单位救治。吸入气体中毒应将中毒者移到空气新鲜的室外解开衣领及纽扣。吸入少量氯气或溴气者，可用碳酸氢钠溶液漱口。少量化学试剂溅入眼中，应立即使用洗眼器冲洗眼睛，并视实际情况涂眼药水/眼药膏或送医院救治。

实验时若出现较严重的中毒症状如皮肤斑点、头晕、呕吐、瞳孔放大等应及时送医院救治。

4. 触电的预防　使用电器时首先应检查电器是否接地线，并防止人体与电器导电部分直接接触，不能用湿的手或握湿物质的手接触电插头。为了防止触电，装置和设备的金属外壳等都应连接地线，实验后应切断电源，再将电源插头拔掉。

5. 灼伤的预防和处理　实验时不慎接触了高温（如刚离开火焰的玻璃管或玻璃棒、火焰、蒸气），低温（如固体二氧化碳、液氮）和腐蚀性物质（如强酸、强碱、溴等）都会造成灼伤。因此，在实验操作中，要避免皮肤与上述物质接触。不能用手直接拿取任何化学试剂，应用钳、镊或牛角勺取用。取用有腐蚀性化学试剂时，应戴上橡皮手套和防护眼镜。量取液溴时除戴手套、口罩和护目镜外，尚需在通风橱内进行，将液溴倒入分液漏斗前必须检查漏斗的活塞是否漏水。

实验中发生灼伤时，要根据不同的灼伤情况分别采取不同的方法处理。

（1）酸灼伤：皮肤——立即用大量水冲洗，再以 3% ～ 5% 碳酸氢钠溶液冲洗，最后再用水洗。严重时要消毒灼伤面，拭干后涂以烫伤膏，必要时及时到医院救治。眼睛——立即用洗眼器冲洗，再用 1% 碳酸氢钠溶液冲洗，最后用蒸馏水或生理盐水冲洗并滴上消炎眼药水，必要时及时到医院救治。

（2）碱灼伤：皮肤——立即用大量水冲洗，再以 2% 乙酸溶液或饱和硼酸溶液洗涤。严重时要消毒灼伤处并涂上油膏或凡士林，然后包扎好伤面。眼睛——立即用洗眼器冲洗，然后用饱和硼酸溶液洗净，最后滴入眼药水或涂上眼药膏，必要时及时到医院救治。

（3）溴灼伤：皮肤——立即用 70% 乙醇溶液擦洗，再涂上甘油用力按摩，然后擦去甘油，涂上烫伤膏并将伤口包好。眼睛——受溴蒸气刺激，暂时不能睁开时，可将眼对着盛有卤仿或 70% 乙醇溶液的瓶口注视片刻。若溴液溅入眼中，按酸液灼伤眼睛急救处理后，立即送医院救治。

（4）钠灼伤：可见的小块钠用镊子移去，其余与碱灼伤处理相同。

（5）烫伤：轻伤者涂以玉树油、鞣酸油膏，重伤者涂以烫伤膏后立即送医院救治。

上述各种急救法仅为暂时减轻疼痛的措施。若伤势较严重在急救法处理之后应速送医。

进行有机化学实验操作，要严格按照规程操作，做到“防失火、防爆炸、防中毒、防触电、防灼伤”（五防）。

6. 玻璃割伤的预防和处理 玻璃割伤是实验中常见事故，为了防止割伤，应做好以下预防措施。

（1）玻璃制品如玻璃棒断裂后要用煤气灯火焰烧圆滑以免损伤仪器和身体。

（2）将玻璃管插入塞中时（应先检查塞子孔径大小是否合适，玻璃切口是否平滑），应将塞孔中涂些凡士林、肥皂等润滑剂，并用布包裹着旋转而入，手握玻璃管的位置应靠近塞子，防止玻璃管折断而割伤手。

玻璃割伤后要仔细观察伤口有无玻璃碎粒（一般可用消毒过的镊子在伤口处移动，通过是否有异样疼痛可知），首先要取出伤口中的玻璃碎粒，用蒸馏水（或双氧水）冲洗后涂上红药水，并包扎好。若伤口较深，则应先按紧主血管以防止大量出血，或在伤口上下 10cm 处用纱布扎紧，减慢流血，有助血凝，并立即送医院就诊。

（二）实验室应配备的急救用具和化学试剂

1. 消防器材 二氧化碳灭火器、手提式 1211 灭火器、泡沫灭火器、沙桶、防火毯和淋浴用水龙头。

2. 急救药箱 内置以下一些物品。

药棉、胶布、纱布、绷带、医用镊子、剪刀及洗眼杯等。

凡士林、鞣酸油膏、烫伤膏、磺胺药粉、眼药水、眼药膏、创可贴及云南白药等。

2% 乙酸溶液、3% ～ 5% 碳酸氢钠溶液、1% 硼酸溶液、1% 碳酸氢钠溶液、75% 乙醇溶液、甘油、碘伏等。

第二章　有机化学实验常用仪器

有机化学实验所用的仪器主要是玻璃仪器，另外还用到一些金属、塑料及木制工具和电子仪器设备。

一、常用玻璃仪器

化学玻璃仪器一般都是由钠玻璃制成，坚硬而易碎，使用时应注意以下几点。

1. 使用玻璃仪器时要轻拿轻放，除试管等少数玻璃仪器外都不能用火直接加热，可用水浴、油浴加热，如需用火加热，应垫石棉网。

2. 厚壁玻璃器皿（如吸滤瓶）不耐热，故不能加热；锥形瓶不耐压，不能用于减压操作；广口容器（如烧杯）不能存放有机溶剂；计量容器（如量筒）不能高温烘烤。

3. 玻璃仪器使用后要及时清洗，晾干。带活塞的玻璃器皿（如分液漏斗）洗净后晾干时应在活塞与磨口间垫上小纸片，以防粘住。

常用玻璃仪器如图 1-2-1 所示。

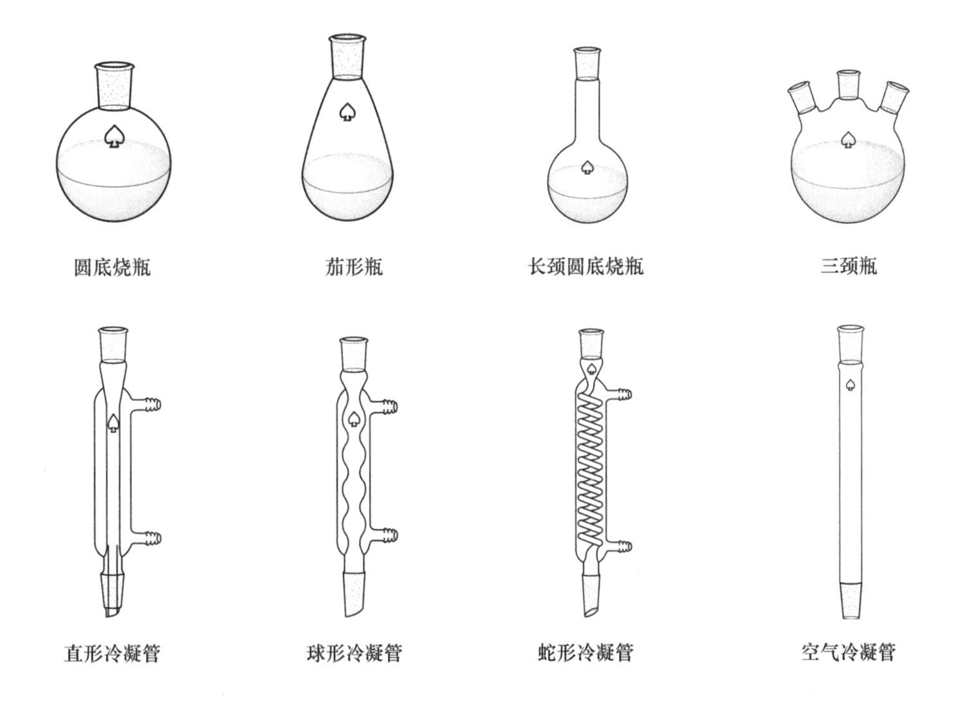

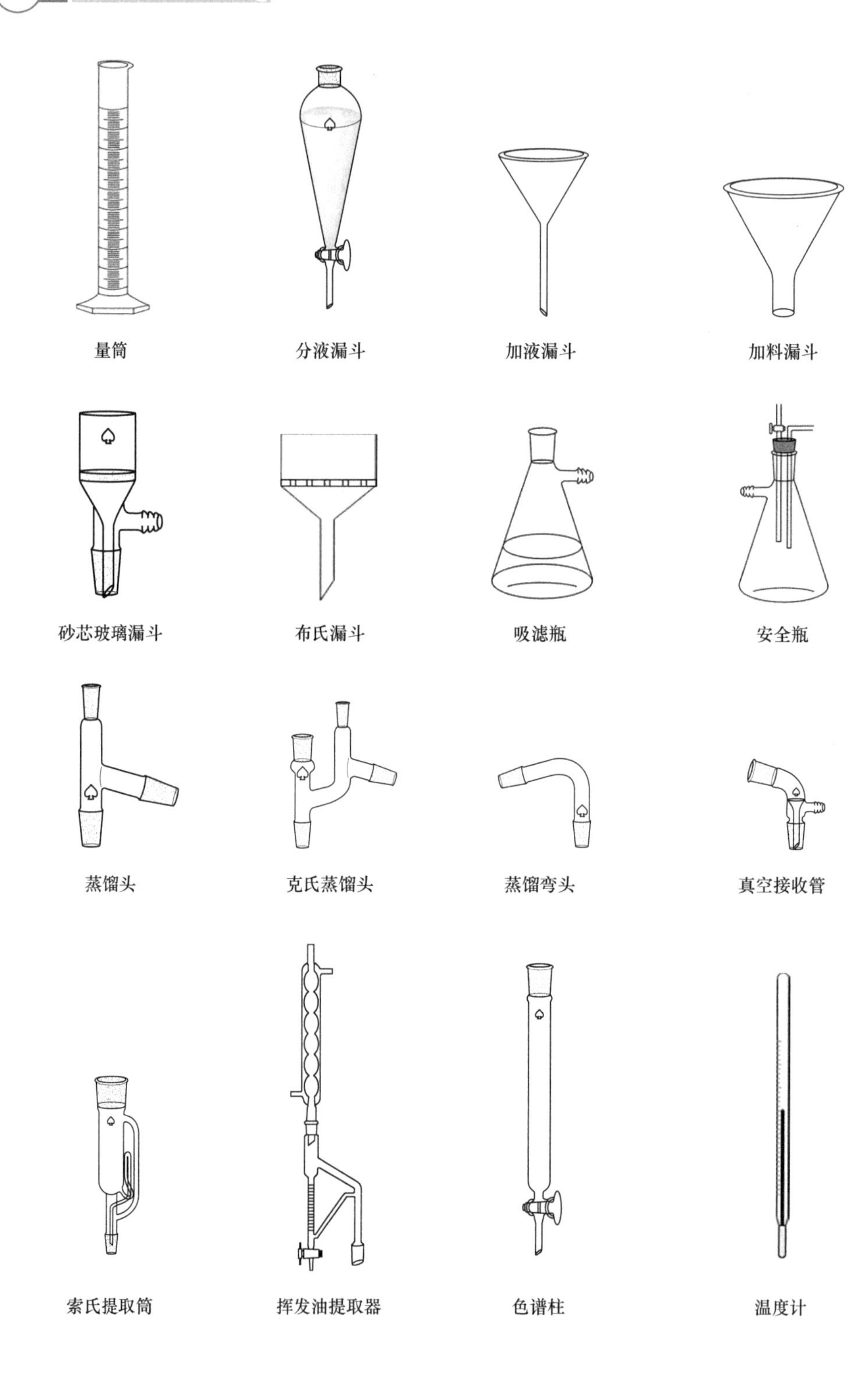
量筒
分液漏斗
加液漏斗
加料漏斗
砂芯玻璃漏斗
布氏漏斗
吸滤瓶
安全瓶
蒸馏头
克氏蒸馏头
蒸馏弯头
真空接收管
索氏提取筒
挥发油提取器
色谱柱
温度计

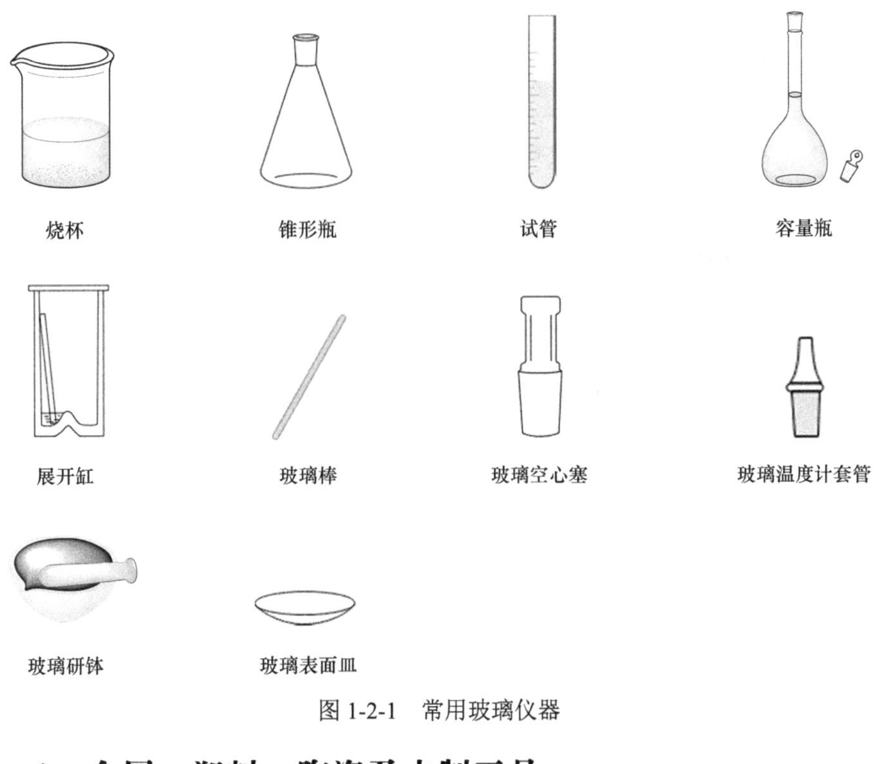

图 1-2-1　常用玻璃仪器

二、金属、塑料、陶瓷及木制工具

常用金属、塑料、陶瓷及木制工具见图 1-2-2。

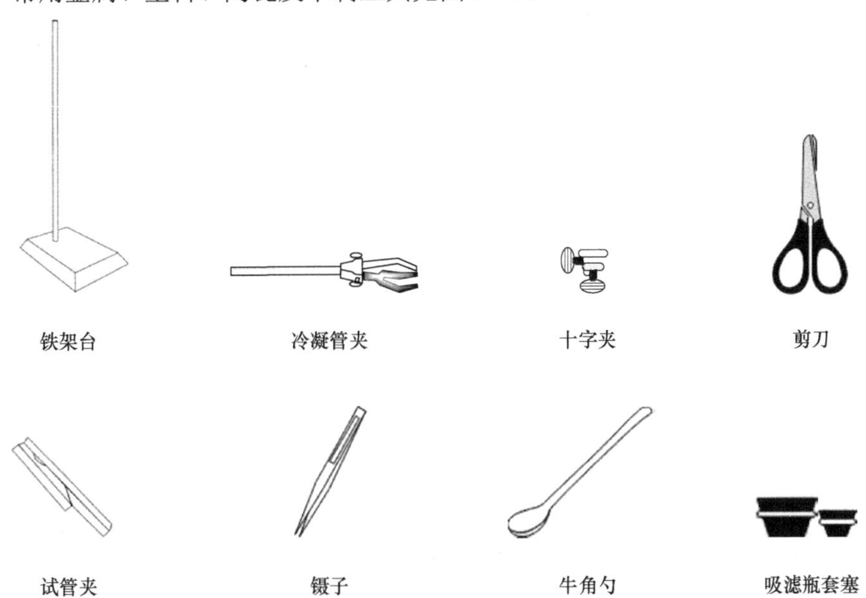

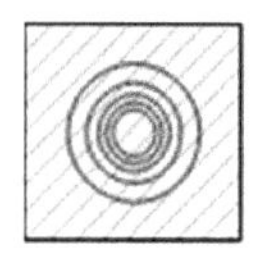
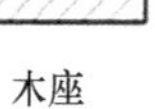

木座

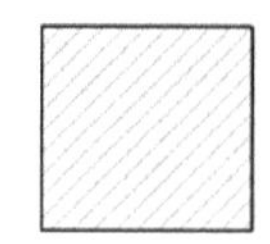

木板

蒸发皿

图 1-2-2　常用金属、塑料、陶瓷及木制工具

三、常用实验装置

常用实验装置见图 1-2-3～图 1-2-11。

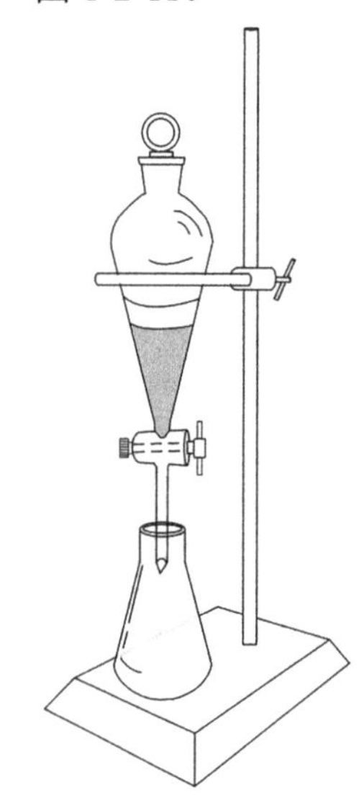

图 1-2-3　液液萃取

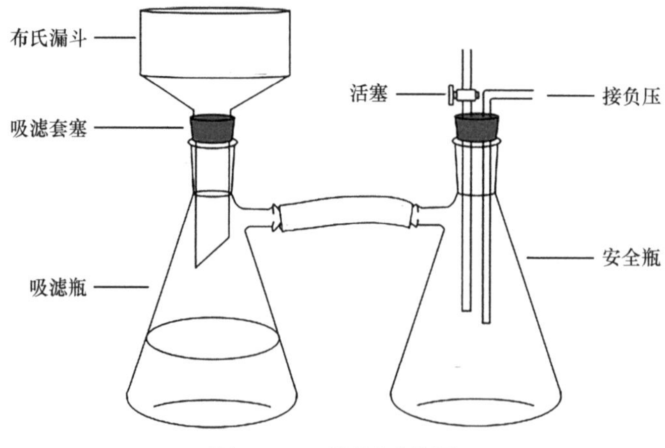

图 1-2-4　减压过滤装置

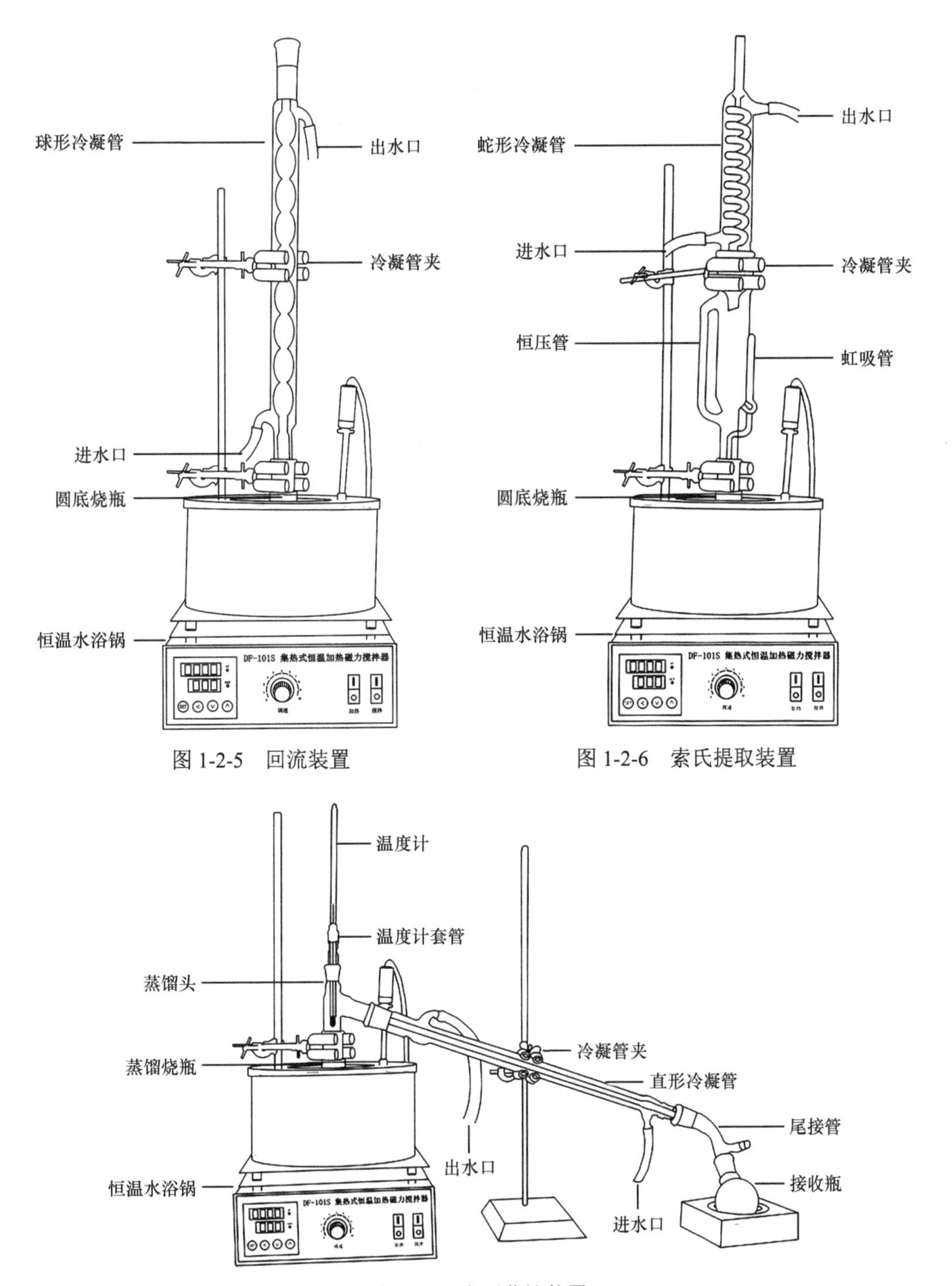

图 1-2-5 回流装置

图 1-2-6 索氏提取装置

图 1-2-7 常压蒸馏装置

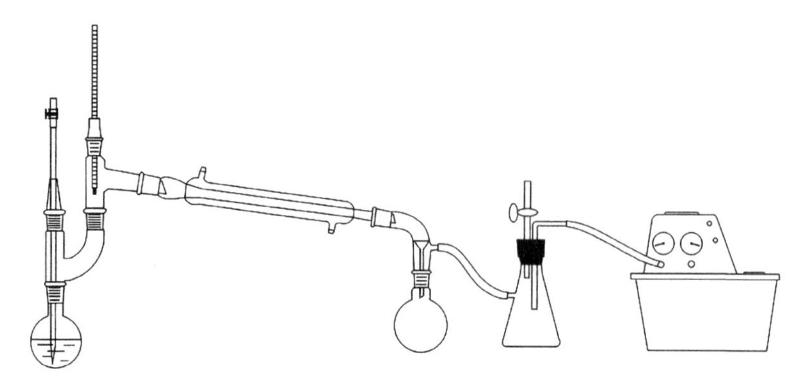

图 1-2-8　减压蒸馏装置

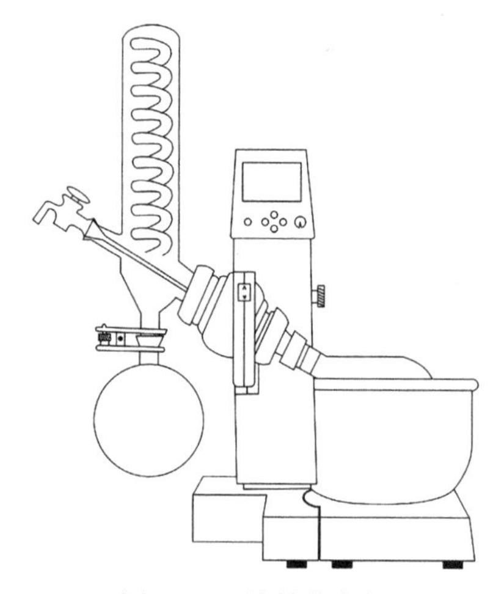

图 1-2-9　旋转蒸发仪

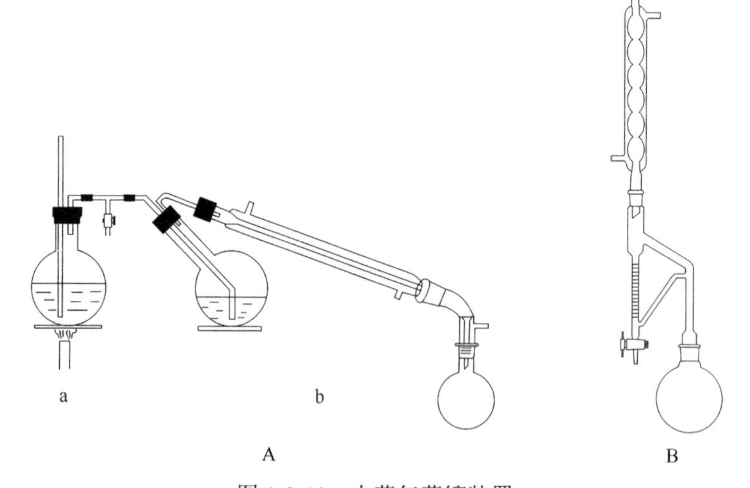

图 1-2-10　水蒸气蒸馏装置

A. 传统的水蒸气蒸馏装置；B. 挥发油提取装置。a. 水蒸气发生器；b. 简易蒸馏装置

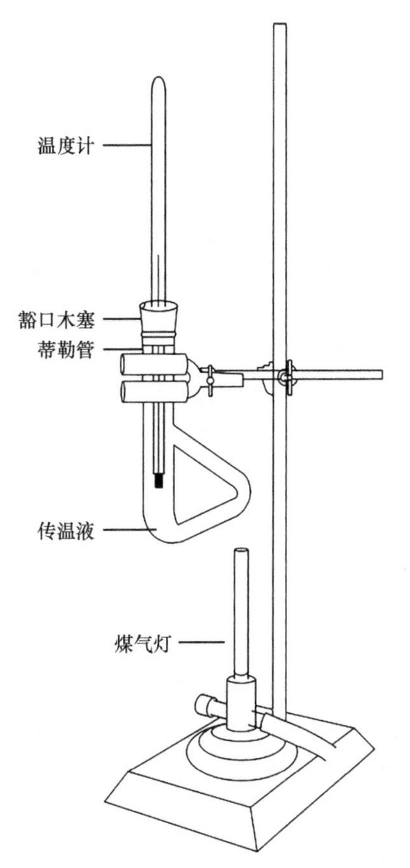

图 1-2-11　蒂勒管法熔点测定装置

第三章 实验要求

一、预习报告

为了提高实验课的学习效果，保障实验安全，课前必须充分预习，未预习者，不得进行实验。实验预习写在化学实验原始记录本上，包括以下内容。

1. 将实验目的、实验原理、反应式、主要试剂和产物的物理常数及主要试剂的用量与规格摘录于记录本中。应着重记录实验的关键地方和安全问题。

2. 写出实验简要步骤。每个学生应将实验内容上的文字改写成简单明了的实验步骤（不是照抄实验内容！）。步骤中的文字可用符号简化：试剂可以用分子式表示，具体的单位可以用缩写形式，如克=g，毫升=mL，加热=△，加=+，沉淀=↓，气体逸出=↑……仪器以图代之。在实验初期可画装置简图，步骤写得详细些，以后逐步简化，这样在实验前已形成了一个工作提纲。实验应按提纲进行，并安排好实验计划。

二、原始记录

实验过程中要及时、真实、完整地记录实验现象与数据。养成把数据及时记录下来的良好实验习惯；记录要实事求是，文字力求简明扼要，如实反映实验进行的情况。特别是当发生的现象与预期相反或与理论不符时，应记录下实验的真实情况，并用明显的标记注明，以便探讨原因；除了实验数据外，原始记录还应完整地记录实验的准备工作、实验步骤和现象等。记录要做到简要明确，字迹整洁。

三、实验报告

实验报告应包括实验目的和原理、反应式、主要试剂的规格用量（指合成实验）、实验步骤和现象、计算产率并根据实验情况讨论观察到的现象及结果，或提出对实验的改进意见等。实验后，总结进行的操作，分析出现的问题，整理归纳结果是完成实验不可缺少的一步，也是把直接的感性认识提高到理性思维的必要一步。

化学实验预习报告、原始记录和实验报告的具体格式因实验类型而异，但大体应遵循一定的格式，以下给出的报告格式示例仅供参考。

预习报告及原始记录参考格式（有机化学实验）

实验（×） 苯甲酸的重结晶

日期：2021.3.22　　天气：晴　　温度：14℃　　湿度：60%

一、实验目的

1. 利用重结晶法纯化苯甲酸。
2. 掌握重结晶法的基本操作。

二、实验原理

1. 苯甲酸在水中的溶解度随温度升高而增大。
2. 趁热过滤可滤除水中不溶性杂质。
3. 饱和溶液冷却后析出苯甲酸晶体，可过滤获得。
4. 可溶性杂质留在母液中，从而与晶体分离。

三、实验步骤

250 mL 圆底烧瓶 —(苯甲酸 1.5 g / 蒸馏水 100 mL)→ 水浴锅加热溶解 —(稍冷，加活性炭 / △ 5 min)→ 趁热减压过滤

—(滤液转入 / 250 mL 烧杯)→ 自然冷却 —(晶体析出完全)→ 减压过滤 → 苯甲酸晶体

—(蒸馏水 25 mL / 分 2～3 次)→ 洗涤抽干 —(滤饼置于 / 表面皿上)→ 烘箱 60℃干燥 30 min

四、仪器试剂

1. 仪器　电子天平、水浴锅、回流装置、减压过滤装置。
2. 试剂　工业级苯甲酸 1.5 g，蒸馏水 100 mL，活性炭。

苯甲酸（benzoic acid），又称安息香酸。分子式为 C_6H_5COOH；分子量为 122.12，为无色、无味、针状或片状晶体。熔点为 122.4℃，沸点为 249.2℃，密度为 1.3 g/mL，在 100℃时迅速升华。它的蒸气有很强的刺激性，吸入后易引起咳嗽。微溶于水，易溶于乙醇、乙醚等有机溶剂。苯甲酸及其钠盐可用作食品抑菌剂。

五、注意事项

1. 加热时防止烫伤，如果被烫应及时处理。

2. 应趁热减压过滤，防止析出晶体。
3. 趁热减压过滤时若发生漏炭现象，可重复操作。

六、原始记录

14:50　搭好实验装置。
　　　苯甲酸 1.51 g，蒸馏水 100.0 mL。
15:00　打开加热和搅拌。设定温度为 95℃。
　　　剪好 2 张滤纸，将布氏漏斗、烧杯和吸滤瓶放入烘箱 70℃预热。
15:30　苯甲酸溶解，关闭加热。
15:32　加入活性炭 1 小勺，继续加热。
　　　搭好减压过滤装置。
15:40　停止加热，取出布氏漏斗和吸滤瓶，趁热过滤。
　　　滤液倒入 250 mL 烧杯中。
16:10　表面皿贴标签，称重 25.60 g。
16:20　减压过滤，洗涤晶体。
　　　得到白色针状晶体，置于表面皿上。
　　　清洁整理仪器，打扫卫生。
16:40　实验结束。

实验报告参考格式

实验（ × ） 苯甲酸的重结晶

日期：2021.3.22　　天气：晴　　温度：14℃　　湿度：60%

一、实验目的

1. 利用重结晶法纯化固体有机化合物苯甲酸。
2. 掌握重结晶法的基本操作：溶解、脱色、趁热过滤、减压过滤和结晶等。

二、实验原理

1. 苯甲酸在水中的溶解度随温度升高而增大。在热水中制成苯甲酸溶液，然后自然冷却使其溶解度下降，从而析出晶形更好的晶体。

2. 苯甲酸和杂质在水中的溶解度不同，趁热减压过滤可除去水中不溶性杂质，而溶液冷却后过饱和析出苯甲酸晶体，水中可溶性杂质仍留在母液中，从而与苯甲酸晶体分离，达到纯化目的。

3. 活性炭可吸附有色物质或色素以达到脱色目的。

三、实验步骤

250 mL圆底烧瓶 —(苯甲酸 1.51 g / 蒸馏水 100 mL)→ 水浴锅加热溶解 —(稍冷，加活性炭 / △ 5 min)→ 趁热减压过滤

—(滤液转入 / 250 mL 烧杯)→ 自然冷却 —(晶体析出完全)→ 减压过滤 ——→ 苯甲酸晶体

—(蒸馏水 25 mL / 分 2～3 次)→ 洗涤抽干 —(滤饼置于 / 表面皿上)→ 烘箱 60℃干燥 30 min

四、实验结果

表面皿重：25.60 g　　烘干后称重：26.75 g　　产量：1.15 g

回收率：76.16%（1.15/1.51×100%）　　性状：白色针状晶体

五、讨论

1. 实验中出现的情况及处理

（1）

（2）

……

2. 实验结果讨论

（1）

（2）

……

3. 实验体会及改进意见

（1）

（2）

……

六、思考题

1. 重结晶法提纯固体有机化合物，有哪些主要步骤？简单说明每步的目的。

2. 重结晶所用的溶剂为什么不能太多，也不能太少？如何控制溶剂的量？

第二部分　有机化学实验

实验一　液液萃取及其应用

一、实验目的

1. 了解液液萃取的原理。

2. 掌握液液萃取操作的技术及其应用。

二、实验原理

萃取是分离和提纯有机化合物的常用方法之一。

利用不同化合物在两种互不相溶（或微溶）的溶剂中溶解度的不同，使其中一种化合物从一种溶剂转移到另一种溶剂中，从而达到分离的目的，称为液液萃取。

从固体混合物中萃取所需要的物质，称为液固萃取。常用方法是把固体混合物先行研细或粉碎，放在容器中，加以适当溶剂浸泡，或在加热下回流搅拌，一定时间后，滤出残渣，使固液分离，必要时重复操作数次。如需连续回流萃取时，则使用索氏提取器（见实验十一）。

从固体或液体混合物中提取出所需要的物质，称为萃取；从混合物中除去不需要的少量杂质，称为洗涤。

液液萃取的原理如下：

$$K=C_A/C_B$$

式中，K 为分配系数（在一定温度下为常数）；C_A 为每毫升溶剂 A 中所含溶质的质量（g）；C_B 为每毫升溶剂 B 中所含溶质的质量（g）。应用分配定律可以计算出每次萃取后被萃取物质在原溶液中的剩余量。

假设：V 为被萃取溶液的体积（mL）。

W_0 为萃取前溶质的总量（g）。

W_1、W_2、…、W_n 分别为萃取 1 次、2 次、……、n 次后溶质的剩余量（g）。

L 为每次萃取所用的溶剂的体积（mL）。

第 1 次萃取后：

$$K=\frac{W_1/V}{(W_0-W_1)/L}\text{ 或者 }W_1=W_0\frac{KV}{KV+L}$$

第 2 次萃取后：

$$W_2=W_1\frac{KV}{KV+L}=W_0\left(\frac{KV}{KV+L}\right)^2$$

经 n 次萃取后：

$$W_n = W_0\left(\frac{KV}{KV+L}\right)^n$$

由上可见，若溶剂的量相同，分 n 次萃取比一次萃取效果好，即少量多次萃取效率高。但并非萃取次数越多越好，从诸因素综合考虑一般以萃取 3 次为宜。

萃取效率与萃取剂的性质有关。选择萃取剂的要求如下：与被萃取溶液不相混溶，对被提取物质溶解度大，化学稳定性高，沸点低，毒性小，密度适当，价格低。

常用的萃取剂有乙醚、石油醚、二氯甲烷、二氯乙烷、正丁醇、乙酸乙酯等。酸性萃取剂一般用稀盐酸、稀硫酸等，以提取碱性物质或去除碱性杂质，而碱性萃取剂一般用 5% 氢氧化钠溶液、5% 或 10% 碳酸钠溶液或碳酸氢钠溶液等，以提取酸性物质或去除酸性杂质。

当萃取某些碱性或表面活性较强的物质时，常会产生乳化现象；有时由于存在少量轻质沉淀，溶剂部分互溶；两液相密度相差较小，这些情况都会使两液相不能完全分离。破坏乳化的方法有较长时间静置，加少量电解质（如饱和氯化钠溶液），加热（禁用明火），加少量稀硫酸、乙醇等。

三、仪器与试剂

1. 仪器 分液漏斗、圆底烧瓶、活塞、锥形瓶、铁圈、玻璃塞、研钵、过滤装置、铁架台等。

2. 试剂 碘化钾-碘水溶液、石油醚（工业级，沸点 60 ～ 90℃）、蒸馏水、饱和氯化钠溶液等。

四、实验内容

1. 单次萃取 向 125 mL 分液漏斗中依次加入碘化钾 - 碘水溶液 20 mL、石油醚 20 mL。振摇，放气，静置。待液体完全分层后，将下层水相溶液放入锥形瓶中，用蒸馏水 20 mL 洗涤有机相溶液，再次分液。将有机相溶液倒入一个干燥的圆底烧瓶中，并塞上玻璃塞。

2. 多次萃取 向 125 mL 分液漏斗中依次加入碘化钾 - 碘水溶液 20 mL，再用石油醚 20 mL 分 2 次萃取，合并 2 次有机相溶液。用蒸馏水 20 mL 分 2 次洗涤有机相溶液（洗涤过程中如遇乳化，可加饱和氯化钠溶液破乳）。

五、分液漏斗使用方法及注意事项

1. 液体的量应为分液漏斗容积的 1/3 ～ 2/3。

2. 分液漏斗在使用前，先检查活塞上的小孔是否对准漏斗里的孔洞，把活塞擦干后，在活塞上涂薄薄一层凡士林，塞后按同一方向旋转几圈，使凡士林均匀分布。如是聚四氟乙烯活塞则不需要涂凡士林。

3. 确认上口的塞子和下口的活塞不漏水时，将分液漏斗放在固定于铁架台上的铁圈中，将被萃取溶液倒入分液漏斗中，然后加入萃取剂，塞紧塞子，取下分液漏斗。

4. 右手握住分液漏斗口颈，并用右手掌顶住塞子，左手握在分液漏斗活塞处，并用拇指压紧活塞，把分液漏斗放平，小心振荡。振荡几次后将分液漏斗下口向上倾斜（朝向无人处），小心打开活塞，排出气体，再关闭活塞振荡（图 2-1-1）。如此反复多次，直到排气压力很小，再剧烈振荡 1 ～ 2 min。

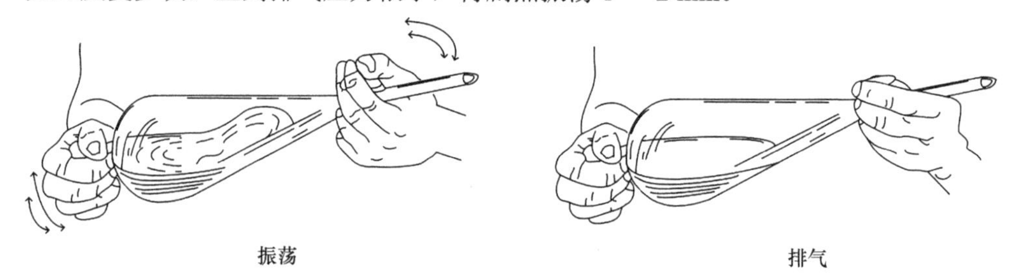

图 2-1-1　分液漏斗的使用方法

5. 将分液漏斗置于铁架台的铁圈上，打开分液漏斗上口的塞子使漏斗内压力与大气一致，再塞上塞子静置，下面放一个锥形瓶（图 1-2-3）。待液体完全分层后，先打开分液漏斗上口的塞子，再慢慢旋开下面的活塞，使下层的液体由下面分出，液体流出速度不能太快。当两液层的界面下降至活塞小孔处时，迅速关闭活塞。

6. 留在分液漏斗中的上层液体，须经分液漏斗上口倒出。

六、思考题

1. 如何确定分液漏斗中哪层是有机层，哪层是水层？

2. 有机化合物（A），呈碱性，易溶于乙酸乙酯，几乎不溶于水。现混有其他有机杂质（B），已知杂质 B 呈中性，易溶于乙酸乙酯，也不溶于水。请利用萃取技术设计实验方案，从混合物中分离得到有机化合物（A）。

实验二 常压蒸馏

一、实验目的

1. 了解常压蒸馏的基本原理及其应用。

2. 掌握常压蒸馏法测定沸点的操作方法。

二、实验原理

当液态物质受热时，液体分子由于分子运动从液体表面逸出，形成蒸气压。液体的蒸气压与温度有关，即液体在一定的温度下具有一定的蒸气压，其蒸气压随温度升高而增大，当液体的蒸气压增大至与外界液面的总压力（通常是大气压力）相等时，开始有气泡从液体内部逸出，即液体沸腾。这时的温度称为沸点（boiling point，b.p. 或 bp）。但具有固定沸点的液体，有时不一定都是纯的化合物，可能是某些有机化合物与其他组分形成的二元或三元共沸混合物。

蒸馏就是将液体加热至沸腾，使液体气化，然后将蒸气冷凝为液体的过程。通过蒸馏可以除去不挥发性的杂质，可分离沸点差大于 30℃的液体混合物，还可以测定纯液体有机物的沸点及检验液体有机物的纯度。

三、仪器与试剂

1. 仪器 恒温水浴锅、蒸馏烧瓶（圆底烧瓶）、蒸馏头、温度计及套管、直形冷凝管、尾接管和接收瓶、玻璃漏斗、木座、沸石（或搅拌子）、铁架台、铁夹等。

2. 试剂 工业乙醇（95% 乙醇和 5% 水的共沸物，沸点 78.2℃）。

四、实验内容

按图 1-2-7 搭好常压蒸馏装置，在 100 mL 蒸馏烧瓶中，加入工业乙醇 40 mL，放入 2 ～ 3 粒沸石①或搅拌子，水浴加热进行蒸馏。当蒸气升到温度计水银球部位时，温度计的读数会迅速上升，控制馏出速率②，此时温度计的读数即为馏出液的沸点。分别收集 78.2℃以下和 78.2 ～ 78.5℃馏分，并测量各馏分及残留液③的体积，计算 78.2℃以下馏分的回收率。

五、常压蒸馏装置安装方法及注意事项

1. 常压蒸馏装置由蒸馏烧瓶（圆底烧瓶）、蒸馏头、温度计及套管、直形冷凝

---

① 沸石的作用是在液体沸腾时产生沸腾中心，防止暴沸。

② 馏出速率以每秒 1 ～ 2 滴为宜。

③ 残留液约 5 mL，蒸馏有机溶剂（尤其是乙醚）时不宜蒸干，以防过氧化物蓄积爆炸。

管、尾接管和接收瓶组成（图 1-2-7）。

2. 蒸馏烧瓶的大小，以蒸馏液体体积占烧瓶容积 1/3 ～ 2/3 为宜。

3. 温度计水银球上端与蒸馏头支管下端平齐。

4. 冷凝水应从冷凝管下口进入，上口流出，以保证冷凝管夹层中充满水。

5. 冷凝液通过尾接管和接收瓶收集，尾接管上须有与大气相通之处，否则成为密闭系统，可能导致爆炸。

6. 仪器安装顺序一般是先从热源处开始，自下而上，由里向外，从左到右。先在恒温水浴锅上安装蒸馏烧瓶，瓶底应高于水浴锅底 1 cm；安上蒸馏头，调节冷凝管的高度，使冷凝管的中心线和蒸馏头支管的中心线成一条直线；移动冷凝管，使其与蒸馏头支管紧密连接起来；然后依次接上尾接管和接收瓶。

7. 检查所搭装置是否正确、牢固、美观，要求从正、侧面观察整套仪器的轴线都在同一平面内，铁夹和铁架台应整齐地摆放在仪器后面。

8. 用玻璃漏斗从蒸馏头上口倒入液体后，插入温度计及套管。

六、思考题

1. 什么是沸点？液体的沸点和大气压有什么关系？

2. 如果液体具有恒定的沸点，那么能否认为它是单纯物质？

实验三　减压蒸馏

一、实验目的

1. 了解减压蒸馏的基本原理及其应用。

2. 掌握减压蒸馏的操作方法。

二、实验原理

减压蒸馏是分离和提纯有机化合物的一种重要方法。它适用于在常压蒸馏时未达到沸点即已受热分解、氧化或聚合的物质。

液体的沸点是指当其蒸气压等于外界大气压时的温度。所以液体沸腾的温度随外界压力的降低而降低。如果用真空泵连接盛有液体的容器，使液体表面上的压力降低，即可降低液体的沸点。这种在低压下进行蒸馏的操作称为减压蒸馏。

化合物的沸点与液体表面的压力有关。当压力降至 1.3 ～ 2.0 kPa（10 ～ 15 mmHg）时，化合物的沸点可比常压下沸点低 80 ～ 100℃。

要正确了解物质在不同压力下的沸点，可从有关文献查阅压强-温度关系图或计算表。若一时查不到，则可从压强-温度经验曲线图（图 2-3-1）中找出其不同压力下相应的近似沸点。例如，乙酸丁酯常压下沸点为 126.1℃，减压至 3.99 kPa（30 mmHg），它的沸点大约多少？可以先在图 2-3-1 中的 B 图的直线上找出

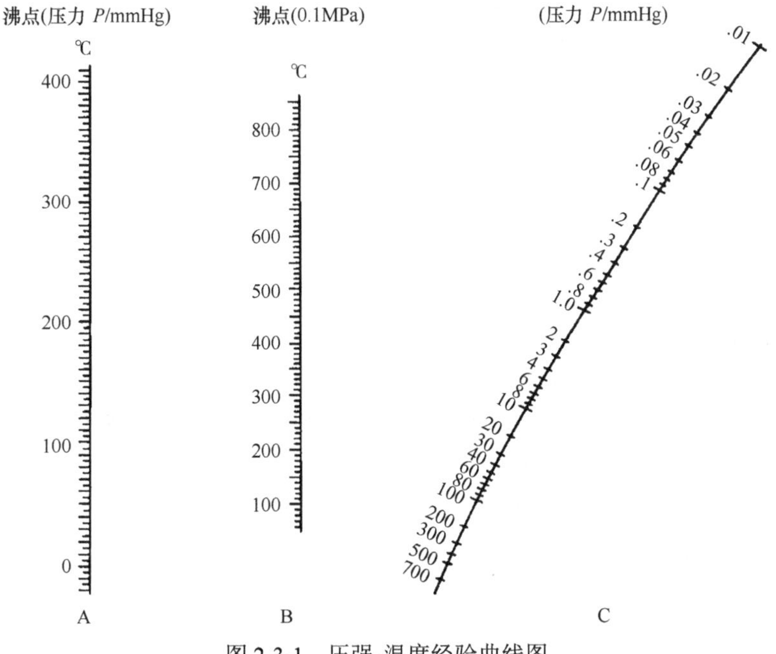

图 2-3-1　压强-温度经验曲线图

126.1℃的点，经过该点与C图曲线上的3.99 kPa（30 mmHg）的点连成直线，延长至与A图直线相交，交点对应的温度读数则为3.99 kPa下乙酸丁酯的沸点，这对减压蒸馏具体操作和选择合适的温度计及真空泵（能否达到所需压力）都有一定参考价值。

三、仪器与试剂

1. 仪器 恒温水浴锅、蒸馏烧瓶（圆底烧瓶）、克氏蒸馏头、毛细管、温度计及套管、直形冷凝管、尾接管、接收瓶、玻璃漏斗、安全瓶、循环水泵、木座、沸石（或搅拌子）、铁架台、铁夹等。

2. 试剂 工业乙醇。

四、实验内容

搭好减压蒸馏装置，在100 mL蒸馏瓶中，加入工业乙醇40 mL，放入沸石（或搅拌子），水浴加热进行蒸馏。通过旋转安全瓶阀门调整真空度，分别收集两个不同真空度下的馏分，并记录相应的温度。蒸馏结束后，先关闭热源，稍冷后打开安全瓶阀门，使系统内外压力平衡后关闭循环水泵。

五、减压蒸馏装置使用方法及注意事项

1. 减压蒸馏装置由蒸馏烧瓶（圆底烧瓶）、克氏蒸馏头、毛细管、温度计及套管、直形冷凝管、尾接管、接收瓶、安全瓶和循环水泵组成（图1-2-8）。

2. 蒸馏烧瓶的大小，以蒸馏液体体积占烧瓶容积1/3～2/3为宜。

3. 温度计水银球上端与蒸馏头支管下端平齐。

4. 冷凝水应从冷凝管下口进入，上口流出，以保证冷凝管夹层中充满水。

5. 冷凝液通过尾接管和接收瓶收集，尾接管通过安全瓶与循环水泵相连，利用安全瓶阀门控制系统的真空度。

6. 仪器安装顺序一般是先从热源处开始，自下而上，由里向外，从左到右。先在恒温水浴锅上安装蒸馏烧瓶，瓶底应高于水浴锅底1 cm；安上蒸馏头，调节冷凝管的高度，使冷凝管的中心线和克氏蒸馏头支管的中心线呈一直线；移动冷凝管，使其与蒸馏头支管紧密连接起来；然后依次接上尾接管和接收瓶。

7. 检查所搭装置是否正确、牢固、美观，要求从正、侧面观察整套仪器的轴线都在同一平面内，铁夹和铁架台应整齐地放在仪器后面。

8. 用玻璃漏斗从克氏蒸馏头上口倒入液体后，插入毛细管。

六、思考题

1. 具有什么性质的化合物需要减压蒸馏进行提纯？

2. 蒸馏时插入毛细管的作用是什么？

实验四 旋转蒸发

一、实验目的

1. 了解旋转蒸发仪的工作原理。

2. 掌握旋转蒸发仪的操作及应用。

二、实验原理

旋转蒸发仪主要用于在减压条件下连续蒸馏大量易挥发性溶剂，尤其用于对萃取液的浓缩和色谱分离时的接收液的蒸馏，可以分离和纯化反应产物。

旋转蒸发仪的基本原理就是减压蒸馏。旋转蒸发仪为全玻璃式密封装置，通过电子控制，使蒸发烧瓶在适合速度下恒速旋转以增大蒸发面积。通过真空泵使蒸发烧瓶处于负压状态。将蒸发烧瓶在旋转时置于水浴锅中恒温加热，瓶内溶液在负压下在旋转的蒸发烧瓶内进行加热扩散蒸发。旋转蒸发仪可以密封减压至400 ～ 600 mmHg（1 mmHg ≈ 133 Pa），同时进行旋转，转速为 50 ～ 160 r/min，使溶剂形成薄膜，增大蒸发面积。此外，在高效冷却作用下，可将蒸气迅速液化，加快蒸发速率。

三、仪器与试剂

1. 仪器 循环水泵、旋转蒸发仪、安全瓶、圆底烧瓶、研钵、过滤装置、分液漏斗等。

2. 试剂 石油醚（工业级，沸点 60 ～ 90℃）、丙酮（化学纯）、无水硫酸钠（化学纯）、菠菜叶、无水硫酸钠等。

四、实验内容

称取约 5 g 菠菜叶，切成碎片，置于研钵中，加丙酮 20 mL 研磨。过滤除去滤渣，滤液移至分液漏斗中，用石油醚 20 mL 分两次萃取（具体操作见实验一液液萃取及其应用），收集有机层，用无水硫酸钠 0.5 ～ 1 g 干燥半小时。过滤，用旋转蒸发仪浓缩滤液至 1 mL 左右，备用。

五、旋转蒸发仪使用方法及注意事项

1. 使用方法

（1）将旋转蒸发仪抽气口与安全瓶支管相连接，将安全瓶导气管与循环水泵相连接。接通电源，打开电机开关（通电前应先检查箱体后插头是否对应插好），图 1-2-9。

（2）按控制面板上的升降键调节旋转主体（主机）高度。

（3）调节蒸发烧瓶水平位置（倾角在20°～25°时蒸发效果最佳）。

（4）装好蒸发烧瓶，卡上安全扣。按升降键调节蒸发烧瓶高度使之与水面接触（处理易燃、易爆、有毒、有腐蚀性或贵重溶液时，应采取相应的安全保护措施）。

（5）打开循环水泵，关闭安全瓶活塞，关闭进料口。开通冷凝水，旋转控制面板上的调速旋钮使蒸发烧瓶平稳转动，当压力稳定后，打开加热开关，设置加热温度。

（6）蒸发结束后，关闭调速旋钮，打开安全瓶活塞，关闭循环水泵，按升降键调节蒸发烧瓶高度使之离开水面，取下安全扣，取下蒸发烧瓶，关闭冷凝水及电源开关。

2. 注意事项

（1）玻璃零件安装应轻拿轻放，装前应洗干净，擦干或烘干。

（2）各磨口、密封面、密封圈及接头安装前都需要涂一层真空脂。

（3）加热槽通电前必须加水，严禁无水干烧。

（4）如真空度无法达到所需要求，需进行如下检查。

1）各接头、接口是否密封。

2）密封圈、密封面是否有效。

3）主轴与密封圈之间真空脂是否涂好。

4）真空泵及真空管是否漏气。

六、思考题

1. 旋转蒸发仪的用途有哪些？

2. 蒸发完毕，为什么先打开安全瓶活塞后关闭循环水泵？

实验五　水蒸气蒸馏

一、实验目的

1. 了解水蒸气蒸馏的基本原理及其应用。

2. 掌握水蒸气蒸馏操作方法。

二、实验原理

在难溶或不溶于水的有机物中通入水蒸气或与水一起共热，使有机物随水蒸气一起蒸馏出来，这种操作称为水蒸气蒸馏。根据道尔顿分压定律，这时混合物的蒸气压应该是各组分蒸气压之和，即

$$P_{总}=P_{水}+P_{A}$$

式中，$P_{总}$为混合物总蒸气压；$P_{水}$为水的蒸气压；P_{A} 为不溶或难溶于水的有机物蒸气压。

当 $P_{总}$等于 1 个大气压时，该混合物开始沸腾，混合物的沸点低于任何一个组分的沸点，即该有机物在比其正常沸点低得多的温度下，可被蒸馏出来。馏出液中有机物重量（W_{A}）与水的重量（$W_{水}$）之比，应等于两者的分压（P_{A}、$P_{水}$）与各自分子量（M_{A} 和 $M_{水}$）乘积之比。

$$W_{A}/W_{水}=(P_{A}\times M_{A})/(P_{水}\times M_{水})$$

以苯胺和水的混合物进行水蒸气蒸馏为例。苯胺沸点为 184.4℃，混合物沸点为 98.4℃，在 98.4℃时苯胺的蒸气压为 5.65 kPa，水的蒸气压为 95.4 kPa，两者蒸气压之和恰好接近于大气压力，于是混合物开始沸腾，苯胺和水一起被蒸馏出来，馏出液中苯胺与水的重量比为

$$\frac{W_{苯胺}}{W_{水}}=\frac{M_{苯胺}\times P_{苯胺}}{M_{水}\times P_{水}}=\frac{93\times 5.65}{18\times 95.4}=\frac{0.31}{1}$$

所以馏出液中苯胺含量为

$$\frac{0.31}{1+0.31}\times 100\%=23.7\%$$

但实际上由于苯胺微溶于水，导致水的蒸气压降低，得到的比例比计算值要低。

工业上常用水蒸气蒸馏的方法从植物组织中获取挥发性成分。这些挥发性成分的混合物统称精油，大多具有令人愉快的香味。例如，桉叶挥发油具有驱蚊作用，含有莰烯、水芹烯、香茅醛等，大部分成分含有双键。莰烯的结构如图 2-5-1 所示。

图 2-5-1　莰烯

三、仪器与试剂

1. 仪器 水蒸气蒸馏装置［由水蒸气发生器（圆底烧瓶、安全管、T形管、螺旋夹）和简易蒸馏装置（直形冷凝管、尾接管、圆底烧瓶）组成］、煤气灯、分液漏斗、过滤装置、旋转蒸发仪、折光计、旋光仪等。

2. 试剂 桉叶、乙酸乙酯（分析纯）、无水硫酸钠（分析纯）等。

四、实验内容

1. 安装水蒸气蒸馏装置，将 15 g 桉叶剪成细碎的碎片①，投入 100 mL 长颈烧瓶中，加入约 30 mL 热水。

2. 在水蒸气发生器中加入占圆底烧瓶 3/4 体积的热水，点燃煤气灯加热，进行水蒸气蒸馏，可观察到在馏出液的水面上有一层很薄的油层。当收集 60 ～ 70 mL 馏出液时，停止加热。

3. 将馏出液加入分液漏斗中，每次用 10 mL 乙酸乙酯萃取。合并萃取液，置于干燥的 50 mL 圆底烧瓶中，加入适量无水硫酸钠干燥半小时以上②。

4. 将干燥好的溶液滤入 50 mL 蒸馏瓶中，用旋转蒸发仪减压蒸馏以除去乙酸乙酯③。最后瓶中只留下少量橙黄色液体即为桉叶油。

5. 测定桉叶油的折光率、比旋光度。

五、水蒸气蒸馏装置图

传统的水蒸气蒸馏装置见图 1-2-10A 所示，a 为水蒸气发生器，通常装水量为圆底烧瓶容积的 3/4 为宜，其安全玻璃管几乎插到发生器底部，用于调节内压。b 为简易蒸馏装置，通常用 500 mL 的长颈烧瓶，装有待蒸馏物质和水。为了防止瓶中液体因飞溅而冲入冷凝管，应将烧瓶的位置向水蒸器发生器方向倾斜 45°。瓶内液体不超过其容积的 1/3。水蒸气发生器 a 和简易蒸馏装置 b 之间应装上 T 形管，T 形管下端连一个螺旋夹，以便及时除去冷凝下来的水滴。为了减少水蒸气的冷凝，尽量缩短 a、b 之间的距离。

图 1-2-10B 是挥发油提取装置，包括圆底烧瓶、挥发油提取器、冷凝管。可直接将待提取物质和蒸馏水加入圆底烧瓶，以煤气灯加热，沸腾后将挥发油收集到挥发油测定管内。

---

① 桉叶要尽量剪碎。

② 干燥时间要足够，以保证除水完全。

③ 产品中乙酸乙酯一定要抽干，否则会影响产品的纯度。

六、思考题

1. 能进行水蒸气蒸馏的物质必须具备哪几个条件？
2. 水蒸气蒸馏操作需要注意哪些问题？

实验六　糖类化合物旋光度的测定

一、实验目的

1. 了解旋光仪的基本原理及测定物质旋光度的意义。

2. 掌握旋光仪的使用方法。

二、实验原理

糖类是重要的有机化合物，它不仅提供生命活动所需的能量，而且在生命过程中发挥着重要的生理功能。糖类分子中含有多个手性碳原子，具有旋光性和旋光异构现象。使用旋光仪可测定出糖溶液的旋光度，继而求出其浓度。

一个旋光活性化合物具有使平面偏振光偏转的能力，其偏转能力可用旋光度表示。如果旋光性物质为纯液体，比旋光度用下式表示：

$$[\alpha]_{\mathrm{D}}^{t}=\frac{\alpha}{d\cdot l}$$

如果为溶液，则为

$$[\alpha]_{\mathrm{D}}^{t}=\frac{\alpha}{C\cdot l}$$

式中，$[\alpha]_{\mathrm{D}}^{t}$ 为某一旋光活性物质在 t（℃）时，在钠光谱中 D 线（589.3 nm）下的比旋光度；α 为在旋光仪中直接观察到的旋转角度，即为旋光度；l 为测定管的长度（dm）；d 为被测液体的密度（g/mL）；C 为被测物质的质量浓度（g/mL）。

三、仪器与试剂

1. 仪器　旋光仪、容量瓶、刻度吸管、擦镜纸等。

2. 试剂　现配的 0.4000 g/mL 蔗糖溶液和未知浓度蔗糖溶液等。

四、实验内容

1. 溶液配制

（1）0.0200 g/mL 蔗糖溶液的配制：用 10 mL 刻度吸管准确移取 0.4000 g/mL 蔗糖溶液 2.50 mL，定量转移到 50 mL 容量瓶中，加蒸馏水稀释至刻度，摇匀，静置备用。

（2）0.0400 g/mL 蔗糖溶液的配制：用 10 mL 刻度吸管准确移取 0.4000 g/mL 蔗糖溶液 5.00 mL，定量转移到 50 mL 容量瓶中，加蒸馏水稀释至刻度，摇匀，静置备用。

（3）0.0600 g/mL 蔗糖溶液的配制：用 10 mL 刻度吸管准确移取 0.4000 g/mL

蔗糖溶液 7.50 mL，定量转移到 50 mL 容量瓶中，加蒸馏水稀释至刻度，摇匀，静置备用。

（4）0.0800 g/mL 蔗糖溶液的配制：用 10 mL 刻度吸管准确移取 0.4000 g/mL 蔗糖溶液 10.00 mL，定量转移到 50 mL 容量瓶中，加蒸馏水稀释至刻度，摇匀，静置备用。

2. 旋光度的测定

（1）选取 1 dm 盛液管，用蒸馏水洗净，盛满蒸馏水，不留气泡，旋上螺帽，以不漏水为限度。用软布擦干盛液管上的液滴，放入旋光仪中，旋转检偏振镜，使三分视场的亮度一致，记录刻度盘读数，重复 3 次，取平均值，即为空白对照值。

（2）用少量待测液润洗盛液管 2 ～ 3 次，倒入待测液，重复同上步骤从低至高浓度测定 4 个标准溶液。再测定未知浓度蔗糖溶液。读数与空白对照值的差值即为待测物质的旋光度。

3. 结果处理

（1）蔗糖溶液比旋光度的计算：将质量浓度为 0.0200 g/mL、0.0400 g/mL、0.0600 g/mL 和 0.0800 g/mL 蔗糖溶液的旋光度对质量浓度 C 作图，所得直线斜率为蔗糖的比旋光度 $[\alpha]_{\mathrm{D}}^{t}$。

（2）未知浓度蔗糖溶液的浓度计算：根据实际测定的未知浓度蔗糖溶液的旋光度值及上述由实验测定的蔗糖溶液的比旋光度值即可计算出该蔗糖溶液的浓度。

五、旋光仪的使用方法及注意事项

1. 原理 如图 2-6-1 所示，从光源 1 射出的光线，经起偏振镜 2 成为平面偏振光。通过检偏振镜 5 及目镜 7 可以观察到如图 2-6-2 所示的三种情况。转动检偏振镜，当出现零度视场时，此时的读数即为被测物的旋光度。

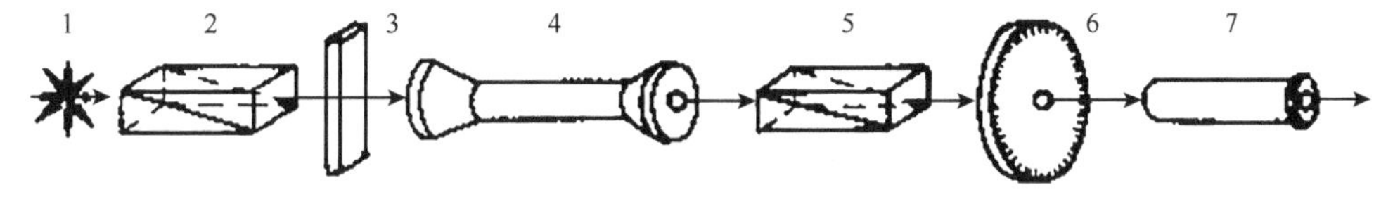

图 2-6-1 旋光仪的原理

1. 光源；2. 尼科尔棱镜（起偏振镜）；3. 石英条；4. 旋光臂；5. 尼科尔棱镜（检偏振镜）；6. 刻度圆盘；7. 目镜

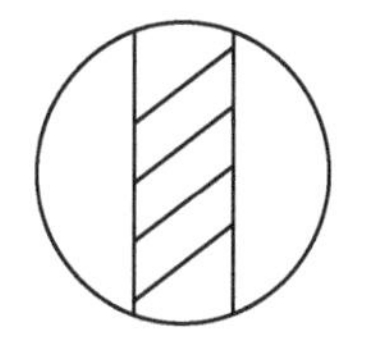

大于（或）小于零度视场

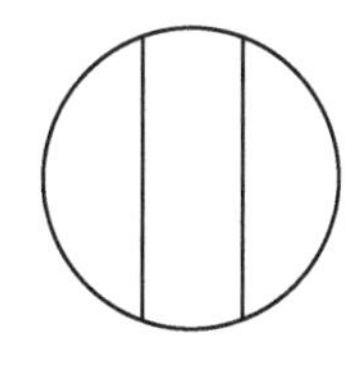

零度视场

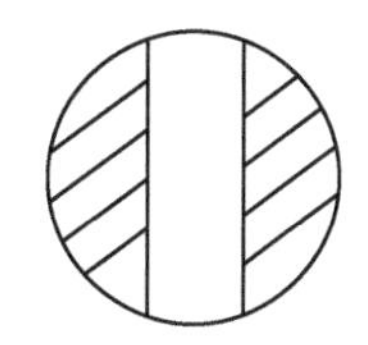

小于或大于零度视场

图 2-6-2 旋光仪的三分视场

2. 使用方法 以 WXG-4 圆盘旋光仪（图 2-6-3）为例。

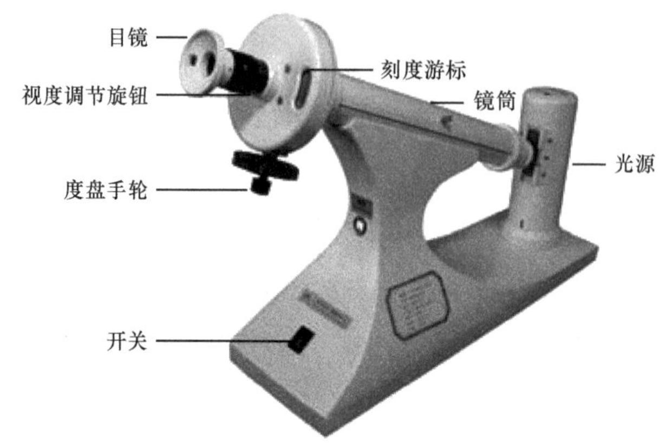

图 2-6-3 WXG-4 圆盘旋光仪

（1）打开电源开关，预热 5 min。

（2）将装满蒸馏水的盛液管放入旋光仪中，旋转视度调节旋钮，直到三分视场变得清晰，达到聚焦为止。

（3）旋动度盘手轮，直到三分视场亮度一致，并使刻度游标上的 0 刻度线置于刻度盘 0 度左右，记录刻度盘读数，重复 3 次，取平均值。如果仪器正常，此数即为 0 度。如有偏差，即为空白对照值。

（4）换放待测样品的测定管，此时三分视场的亮度出现差异，旋转度盘手轮，使三分视场的亮度一致，记录刻度盘读数准确至小数点后两位，此读数与空白对照值之间的差值即为该物质的旋光度，重复 3 次，取平均值。

（5）以同样步骤使用同一盛液管从低浓度至高浓度测定其他各样品。

（6）实验结束，关闭电源，清洁盛液管，整理好仪器。

六、思考题

1. 影响物质比旋光度的因素有哪些？

2. 测定旋光度应注意哪些事项？

实验七 重 结 晶

一、实验目的

1. 了解重结晶法纯化固体有机化合物的原理和意义。

2. 掌握溶解、脱色、趁热过滤、减压过滤和结晶等基本操作。

二、实验原理

1. 重结晶法 重结晶法是提纯固体有机化合物常用方法之一。固体有机化合物在溶剂中的溶解度与温度有密切关系，通常情况下温度升高溶解度增加，反之则降低。若把固体有机化合物溶解在热溶剂中制成饱和溶液，然后冷却使其溶解度下降，就会有晶体析出。利用被提纯物质和杂质在溶剂中的溶解度不同，使杂质在趁热过滤时被滤除或冷却后仍溶在母液中，与晶体分离，从而达到纯化的目的。重结晶法适用于杂质含量在 5% 以下的固体有机化合物的纯化，若杂质含量过多，常会影响纯化效果，须经多次重结晶才能达到纯化目的。

2. 溶剂的选择 重结晶的关键是选择适宜的溶剂，必须考虑以下因素。

（1）溶剂与被提纯物质不发生化学反应。

（2）被提纯物质在溶剂中的溶解度随温度变化而有较大差异。

（3）杂质在溶剂中的溶解度应较大或较小，这样可留在母液中或在趁热过滤时被滤除。

（4）溶剂应易挥发，但沸点不宜过低。

（5）溶剂应毒性小、价格低、易于回收、操作安全。

（6）被提纯物质在该溶剂中能够有较好的晶形。

三、仪器与试剂

1. 仪器 回流装置（恒温水浴锅、圆底烧瓶、球形冷凝管）、减压过滤装置（循环水式真空泵、吸滤瓶、吸滤套塞、布氏漏斗、安全瓶）、电子天平、烧杯、空心塞、刮刀、表面皿、烘箱、滤纸、剪刀等。

2. 试剂 苯甲酸（工业级）、蒸馏水、活性炭等。

苯甲酸在不同温度下水中溶解度数据如表 2-7-1 所示。

表 2-7-1 苯甲酸的溶解度

温度（℃）	溶解度（g/100g 水）	温度（℃）	溶解度（g/100g 水）
4	0.18	75	2.2
20	0.29	90	4.6

四、实验内容

用电子天平称取苯甲酸 1.5 g，放入 250 mL 圆底烧瓶中，加入蒸馏水 120 mL，水浴加热并搅拌，直至苯甲酸溶解，关闭加热，待溶液稍冷后，加入适量活性炭[①]，继续加热，保持微沸 3 ～ 5 min。将热溶液用预热过的布氏漏斗和吸滤瓶经减压过滤法趁热过滤。将滤液转入预热的 250 mL 烧杯中[②]，自然冷却至室温即有片状晶体析出，放置使析晶完全。减压过滤，收集晶体，抽干，尽量除去母液。打开安全瓶活塞，小心翻动晶体使之松散，用蒸馏水 25 mL 分 2 ～ 3 次润湿晶体，0.5 min 左右再关闭安全瓶活塞，抽干。停止抽气，取下布氏漏斗，用刮刀小心取下滤饼，置于表面皿[③]上，放入烘箱（60℃）干燥[④]。

五、回流与减压过滤装置的使用方法及注意事项

1. 回流装置（图 1-2-5） 回流装置的使用方法及注意事项如下。

（1）搭好回流装置，依次打开恒温水浴锅电源开关、加热旋钮和搅拌旋钮，打开冷凝水。

（2）实验过程中防止烫伤。

2. 减压过滤装置（图 1-2-4） 减压过滤装置的使用方法及注意事项如下。

（1）按照布氏漏斗的内径剪裁滤纸，要略小于内径，但又能盖住小孔。

（2）搭好装置，使布氏漏斗斜口对准吸滤瓶的支管口，将滤纸平铺于布氏漏斗底部。

（3）过滤前用少量蒸馏水或溶剂将滤纸润湿，打开循环水式真空泵，关闭安全瓶活塞，将润湿的滤纸吸紧。

（4）将液体匀速注入布氏漏斗中以防止滤纸被抽破。倒入液体不得超过布氏漏斗容量的 2/3，并使晶体或沉淀均匀地分布在整个滤纸面上。

（5）待没有液体滴下时，打开安全瓶上的活塞，关闭循环水式真空泵。

六、思考题

1. 重结晶法提纯固体有机化合物，有哪些主要步骤？简单说明每步的目的。

2. 重结晶所用的溶剂为什么不能太多，也不能太少？如何控制溶剂的量？

---

① 用量为样品量的 1% ～ 5%。

② 若发现有漏炭现象应重复减压过滤操作。若已析出晶体，则应重新溶解后再冷却析晶。

③ 事先洗净，烘干，贴上标签，写上姓名并称重。

④ 称重并计算产率，用于下次实验测熔点。

实验八　熔点的测定及有机物的鉴定

一、实验目的

1. 了解熔点测定的意义及其应用。

2. 掌握用毛细管法测定有机化合物熔点的方法。

二、实验原理

熔点是指在 1 个大气压下化合物的固相与液相平衡时的温度。这可以从物质在一定压力下蒸气压与温度关系的曲线图来理解（图 2-8-1），曲线 *SM* 表示固相蒸气压与温度的关系，曲线 *ML* 表示液相蒸气压与温度的关系，两曲线相交于 *M* 点。在交叉点 *M* 处，物质固液两相蒸气压一致，即固液两相平衡共存，此时的温度（T_M）即为该物质的熔点（melting point，m.p. 或 mp）。当温度超过 T_M 时（甚至微小的变化），只要时间足够，固体就可以全部转变为液体，这就是纯有机化合物具有固定、敏锐的熔点的原因（图 2-8-2）。因此要精确测定熔点，在接近熔点时升温速度一定要慢，以每分钟升温约 1℃为宜，只有这样才能使整个熔化过程尽可能接近于两相平衡的条件。

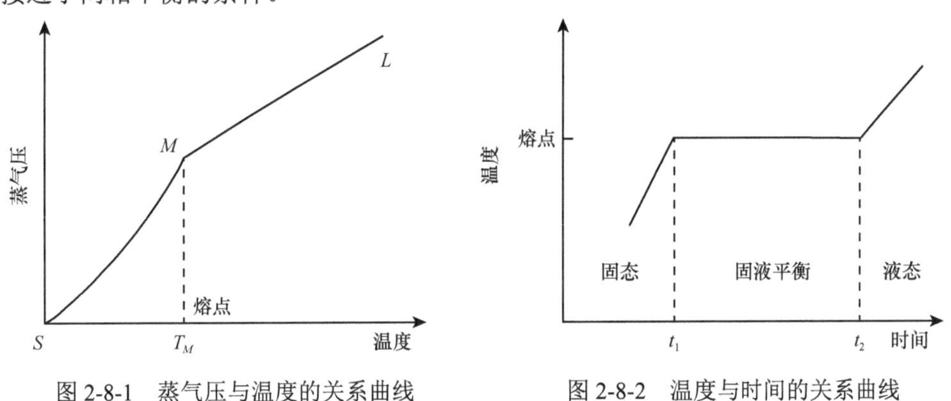

图 2-8-1　蒸气压与温度的关系曲线　　图 2-8-2　温度与时间的关系曲线

纯固体有机化合物具有一定的熔点，熔程不超过 0.5 ～ 1.0℃，当有杂质时熔点下降，熔程也增加。测定熔点可以判断出固体有机化合物的纯度，鉴别不同的有机化合物。

如果两种固体有机化合物具有相同或相近的熔点，可采用测定不同比例混合物熔点来鉴别它们是否为同一化合物。若是两种不同化合物，通常会使熔点下降，如果是相同化合物则熔点不变。

本实验使用毛细管法测定有机化合物的熔点。

三、仪器与试剂

1. 仪器 蒂勒管（Thiele 管，又称 b 形管）、温度计、半自动熔点仪、微机熔点仪、毛细管、表面皿、长玻璃管、刮刀、橡皮圈、软木塞等。

2. 试剂 分析纯苯甲酸、自制重结晶苯甲酸、未知样品、传温液等。

四、实验内容

1. 温度计校正 用分析纯苯甲酸装填 3 根毛细管，测定其熔点，取平均值，减去 122.4℃，即为该温度计在此温度下的误差值。

2. 苯甲酸的熔点测定 用自制重结晶苯甲酸及分析纯苯甲酸各装填 3 根毛细管，分别测定其熔点。将测定值填入表 2-8-1。

表 2-8-1 苯甲酸的熔点测定

编号	分析纯苯甲酸		自制重结晶苯甲酸	
	初熔温度（℃）	终熔温度（℃）	初熔温度（℃）	终熔温度（℃）
1				
2				
3				
平均值				

3. 未知样品的熔点鉴别 将未知样品与分析纯苯甲酸以 1∶1、1∶9、9∶1 比例混合，测定其熔点，将测得的结果与分析纯苯甲酸的熔点相比较，验证两种化合物是否为同一物质。

五、熔点仪的使用方法及注意事项

1. 毛细管法熔点测定装置 测定熔点的方法及注意事项如下。

（1）被测物质装填

1）在表面皿上用刮刀将少量被测物质研成粉末并聚成一堆。

2）取一端封闭的毛细管（内径 0.9 mm，长 10 cm），将开口的一端插入粉末中，使粉末进入毛细管。

3）取一长玻璃管（30 ～ 40 cm），垂直放于干燥表面皿上，将毛细管开口向上从玻璃管上端自由落下，使粉末落入并填紧毛细管底。重复操作几次，使被测物质装填结实而均匀，被测物质装填高度约 3 mm。

4）擦去管外的被测物质粉末。

（2）在蒂勒管中加入传温液（液体石蜡）至高于弯管和直管连接处约 0.5 cm。管口配 1 个边缘有豁口、中心有孔的软木塞，将温度计插入其中（图 1-2-11）。

（3）被测物质毛细管借橡皮圈附着在温度计上，使毛细管中的被测物质部分位于温度计水银球的中部（图 2-8-3）。

（4）粗测：按 5 ～ 6℃ /min 的速度升高温度，当毛细管中被测物质开始塌落并有第一滴液滴出现时，即为初熔温度，当被测物质完全熔化为液体时则为终熔温度。从初熔到终熔的温度范围，即为该被测物质的熔程。终熔和初熔的温度差称为熔距。

（5）测完，待传温液冷却（低于 100℃）后，另换一根已装好样的毛细管。

（6）精测：开始时按 5 ～ 6℃ /min 的速度加热升温，但离粗测得到的熔点 10℃左右时，将升温速度减慢到 1 ～ 2℃ /min，仔细观察毛细管中被测物质的变化，记录熔点。

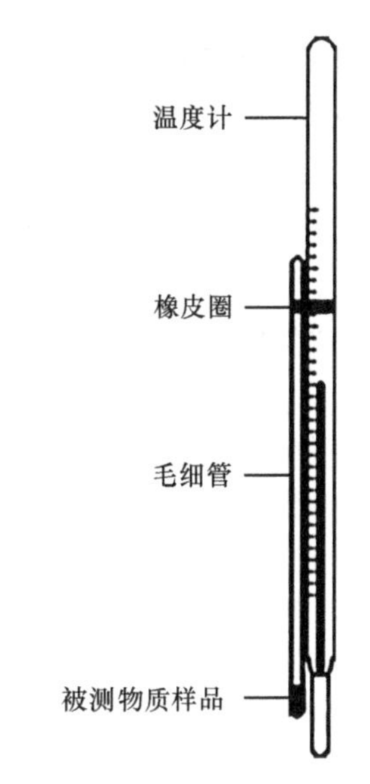

图 2-8-3　被测物质毛细管定位

（7）测完熔点后，勿立即取出温度计，以免烫伤。

2. 半自动熔点仪（图 2-8-4）使用注意事项

（1）设定起始温度要低于熔点 30℃。

（2）升温速率控制在 1 ～ 2℃ /min。

（3）当看到被测物质初熔时分别按相应的初熔按钮。

（4）待温度降低至起始温度以下时，再进行下一次测量。

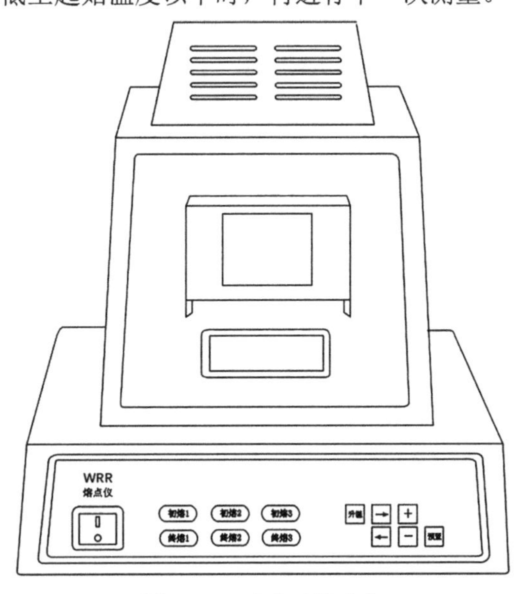

图 2-8-4　半自动熔点仪

3. WRS-2A/2 微机熔点仪（图 2-8-5）使用注意事项

（1）设定起始温度，起始温度切勿超过仪器使用范围（＜ 300℃），否则仪器将会损坏。

（2）被测物质一次填装三根毛细管，以消除毛细管及样品填装带来的误差。

（3）毛细管插入仪器前用软布将外面的物质清除，否则管座下面会积垢，导致无法检测。

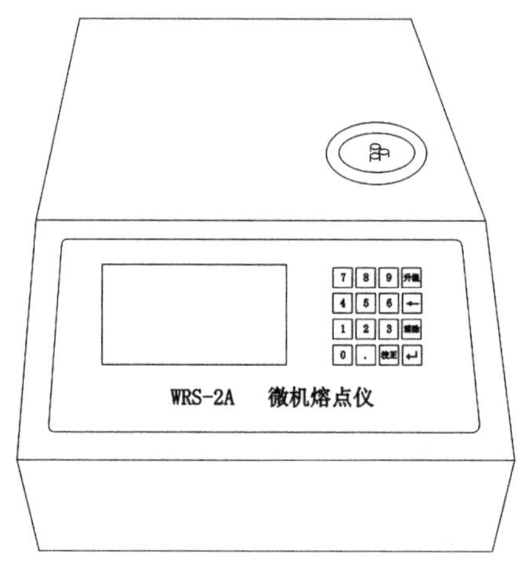

图 2-8-5 WRS-2A/2 微机熔点仪

六、思考题

1. 两瓶白色粉末状化合物，其中一瓶测得熔点为 130 ～ 131℃，另一瓶为 130 ～ 130.5℃。你用什么最简便的方法确定二者是否为同一物质？

2. 测定熔点时，若遇下列情况，将产生什么结果？①毛细管不洁净。②样品未完全干燥或含有杂质。③样品粉碎不细或装填得不紧密。④升温速度太快。

实验九　薄层色谱

一、实验目的

1. 了解薄层色谱法的原理。

2. 掌握薄层色谱法的操作及应用。

二、实验原理

薄层色谱法（thin layer chromatography，TLC）是一种微量、快速、简单、安全的色谱法。薄层色谱法是将吸附剂或支持剂均匀地在玻璃板上铺成薄层，然后把欲分离的样品点到薄层一边，用合适的展开剂展开，使样品中各组分得到分离。

薄层色谱法一般常用于：混合物的分离；柱色谱分离条件的探索及洗脱剂的选择；确定纯化的效果；化合物的鉴定，确定混合物中化合物的数量，鉴定两种或两种以上的化合物是否为同一物；跟踪合成反应进行的程度等。

常见的薄层色谱有吸附薄层色谱和分配薄层色谱两种。

本实验为吸附薄层色谱。吸附薄层色谱是利用固体吸附剂对混合物中各组分的吸附能力不同而使其分离的一种色谱方法。由于混合物中各组分对固定相（stationary phase）的吸附能力不同，当流动相（mobile phase）流经固定相时，便会发生无数次的吸附和解吸附，对固定相吸附力弱的组分随流动相迅速向前移动，对固定相吸附力强的组分滞留在后，由于各组分具有不同的移动速率，最后得以在固定相上分离。

一般情况下，化合物被吸附的能力和它们的极性成正比。具有较大极性的化合物被吸附力越强，就越强烈地被固定相吸附，则这个化合物沿着流动相移动的距离就越小。

一个化合物在薄层板上上升的高度与流动相上升高度的比值称为该化合物比移值，即 R_f（rate of flow）值。R_f 值是化合物的物理常数，即在特定的色谱条件下，同一化合物应具有同一 R_f 值，所以 R_f 值可用于化合物的鉴定。若两种样品在几种不同的色谱条件下均具有相同的 R_f 值（$\Delta R_f \leqslant 0.02$），则可认为这两种化合物为同一物质。

固定相（吸附剂）：硅胶和氧化铝是薄层吸附色谱中最常用的吸附剂。

流动相（展开剂）：展开剂应综合考虑样品的极性、溶解度和吸附剂的活性等因素进行选择。展开剂的极性越大对化合物的洗脱能力越大。常用展开剂极性由小到大的顺序：正己烷＜四氯化碳＜甲苯＜苯＜二氯甲烷＜乙醚＜三氯甲烷＜乙酸乙酯＜丙酮＜乙醇＜甲醇。

三、仪器与试剂

1. 仪器 展开缸（常用圆柱形和双槽式）（图 2-9-1）、载玻片、烧杯、滴管、水平长玻璃、烘箱、干燥器、铅笔、毛细管等。

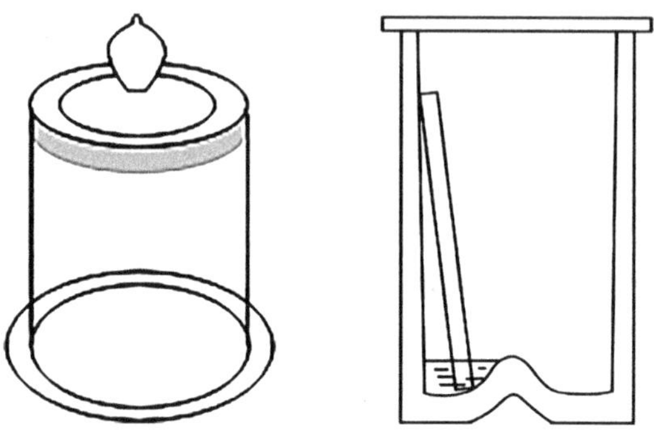

图 2-9-1 常用展开缸

2. 试剂 苏丹Ⅲ（Sudan Ⅲ，图 2-9-2）、偶氮苯（azobenzene）、未知样品溶液、正己烷、乙酸乙酯。中性氧化铝（100 ～ 200 目）、1%（g/mL）羧甲基纤维素钠水溶液。

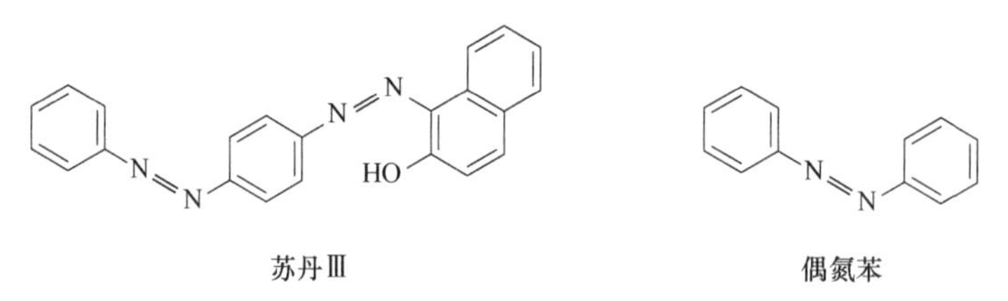

图 2-9-2 样品结构式

四、实验内容

1. 氧化铝硬薄层板的制作 取 2 块 10 cm×3 cm 载玻片，洗净晾干。

在 100 mL 烧杯中加入中性氧化铝 5 g，逐渐加入 1%（g/mL）羧甲基纤维素钠水溶液约 10 mL，调成均匀的糊状，用滴管吸取此糊状物，涂于上述洁净的载玻片上，用手拿着载玻片在水平的桌面上上下轻微颠动，使流动的氧化铝糊均匀地铺在载玻片上。将涂好氧化铝的薄层板置于水平长玻璃上，在室温下放置 0.5 h 后，放入烘箱中，缓缓升温至 110℃，恒温 0.5 h，取出，稍冷后，置于干燥器中备用。

2. 点样 先用铅笔在距薄层板一端 1 cm 处轻轻画一横线作为起始线，用内径小于 1 mm 管口平整的毛细管分别吸取苏丹Ⅲ、偶氮苯及未知样品，分别在起始线上小心点样，斑点直径一般不超过 2 mm，样点间距离应为 1 ～ 1.5 cm[①]。

---

① 若样品溶液太稀，可重复点样，但应待前次点样的溶剂挥发后方可重新点样，以防样点过大，造成拖尾、扩散等现象，而影响分离效果。点样要轻，不可刺破薄层。

3. 展开 在展开缸加入适量体积比为9∶1的正己烷-乙酸乙酯，离瓶底约0.5 cm，放入薄层板①，盖好盖子②。待展开剂前沿上升到距上端约1 cm时取出，立即在展开剂前沿画一条线，并勾勒出斑点形状③，晾干。实验完毕后，回收展开剂。

4. 计算 R_f 值 画出斑点移动位置，量出各组分移动的距离，计算 R_f 值，并确定未知样品的组成（图2-9-3）。

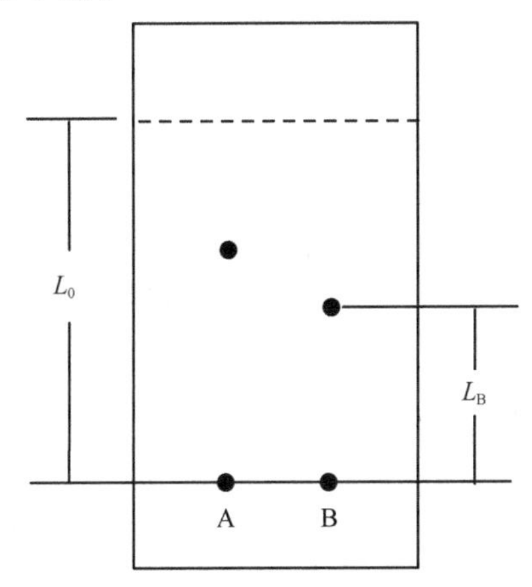

图2-9-3 R_f 值计算示意图

样品B的 $R_f=L_B/L_0$

五、思考题

1. 在混合物薄层色谱中，如何判定各组分在薄层上的位置？

2. 为什么可利用 R_f 值来鉴定化合物？如何判定两个样品是否为同一化合物？

---

① 薄层板放入展开缸时，将薄层板垂直或倾斜45°～60°，切勿使溶剂浸没样品点。

② 薄层色谱的展开，需要在密闭容器中进行。为使溶剂蒸气迅速达到平衡，可在展开缸内衬上滤纸。

③ 若被分离组分为无色物质时，需在挥去溶剂后用显色剂显色，或使用紫外灯观察。

实验十 柱色谱法

一、实验目的

1. 了解柱色谱法的原理。

2. 掌握柱色谱法的操作及应用。

二、实验原理

柱色谱法（column chromatography）为常用的一种色谱方法，是分离、纯化和鉴定有机化合物的重要方法之一。其基本原理与薄层色谱相同。

吸附柱色谱通常在色谱柱中填入表面积很大经过活化的多孔性或粉状固体吸附剂。当待分离的混合物溶液流过色谱柱时，各种成分同时被吸附在柱的上端。当洗脱剂流下时，由于不同化合物吸附能力不同，往下洗脱的速度也不同，于是形成了不同层次，即溶质在柱中自上而下按对吸附剂的亲和力大小分别形成若干色带，再用洗脱剂洗脱时，已经分开的溶质可以从柱上分别洗出收集。

本次实验是亚甲蓝和罗丹明 B 混合色素的分离。

亚甲蓝一般是绿色的有铜光的结晶，其稀的水溶液为蓝色。罗丹明 B 又名玫瑰红 B，是一种具有鲜桃红色的人工合成染料，其水溶液一般为蓝红色，稀释后能产生强烈的荧光，其水溶液在加入氢氧化钠后呈玫瑰红色，但是在浓硫酸中呈黄光棕色。具体结构见图 2-10-1。

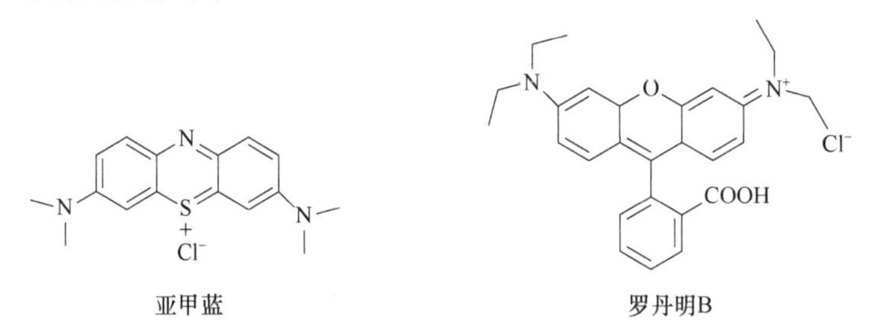

图 2-10-1　亚甲蓝和罗丹明 B 的分子结构

三、仪器与试剂

1. 仪器　色谱柱、加料漏斗、试管、脱脂棉（或毛玻璃）、石英砂、滤纸、滴管等。

2. 试剂　中性氧化铝（100 ～ 200 目）、亚甲蓝和罗丹明 B 混合液、95% 乙醇溶液等。

四、实验内容

1. 湿法装柱 选用一根带有砂芯的色谱柱，关闭活塞，加入 95% 乙醇溶液至柱顶，打开活塞，使溶液缓慢滴下，缓慢加入中性氧化铝 20 g，边加边轻敲柱身，使氧化铝装填紧密无缝隙，上端平整，放入一张直径略小于色谱柱的圆形滤纸片（或用石英砂），覆盖在吸附剂上。当乙醇液面下降至与滤纸片平齐时，关闭活塞，装柱完成。

2. 湿法上样 用滴管将亚甲蓝和罗丹明 B 混合液 1 mL 均匀加在色谱柱上端的滤纸上，打开活塞，使样品被吸附剂完全吸附，关闭活塞。用少量乙醇洗下管壁上的有色物质，再打开活塞，当乙醇液面下降至与滤纸片平齐时，关闭活塞，重复操作至管壁上的有色物质都被吸附剂吸附。

3. 洗脱 缓慢加入 95% 乙醇溶液 15 ～ 20 mL，打开活塞，使液体按每秒 1 ～ 2 滴的速度滴下，观察色带的洗脱情况。当各色带被洗出色谱柱时，用试管分别收集洗脱液，相同成分合并。实验完毕后，倒出柱中的中性氧化铝，并将色谱柱洗净，晾干，回收溶剂。

五、色谱柱使用注意事项

柱色谱法示意图见图 2-10-2。

色谱柱装填紧密与否，对分离效果有很大影响。若柱中留有气泡或各部分松紧不均匀，会影响渗滤速率和分离效果，但如果装填太紧则会使流速太慢。

色谱柱上端放滤纸是防止加料时把吸附剂冲起。吸附剂浸泡在流动相中以保持色谱柱的均一性。

六、思考题

1. 使用柱色谱法时怎样选择流动相？

2. 色谱柱中留有空气或装填不均匀，对分离效果有何影响？又该怎样避免？

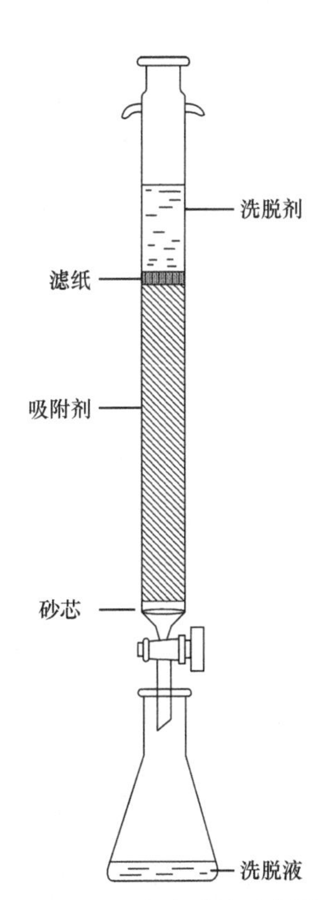

图 2-10-2 柱色谱法示意图

实验十一　生物碱的提取和纯化

一、实验目的

1. 了解索氏提取器的原理和使用方法。

2. 了解从植物中提取生物碱的方法。

3. 掌握回流、提取、浓缩、蒸发、升华等技术。

二、实验原理

生物碱是自然界中广泛存在的一大类含氮有机化合物，大多具有较复杂的氮杂环结构，并具有生理活性和碱性，是许多中草药及药用植物的有效成分。提取生物碱的方法按操作可分为浸渍法、渗滤法、热回流法、索氏提取法和煎煮法等。本实验采用索氏提取法从茶叶中提取咖啡因。

茶叶中含有多种生物碱，其中以咖啡碱（又称咖啡因）为主，占 1% ～ 5%。另外，还有单宁酸（又称鞣酸）、色素、纤维素、蛋白质等。咖啡碱为近中性化合物，无色针状晶体，无臭，味苦。常温下，1 g 咖啡碱完全溶解需要三氯甲烷 5.5 mL、水 46 mL、丙酮 50 mL、乙醇 66 mL。

咖啡碱为嘌呤衍生物，其结构式如图 2-11-1 所示。

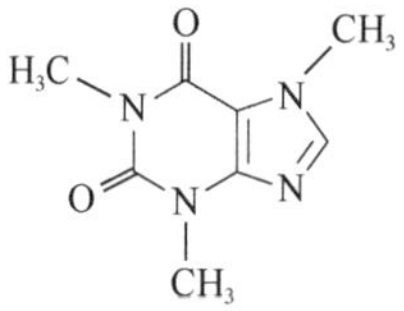

图 2-11-1　咖啡碱的分子结构

为了从茶叶中提取咖啡碱，往往选用适当的溶剂如乙醇在索氏提取器中连续提取，然后蒸去溶剂，浓缩即得粗提取物。粗提取物中还含有其他生物碱和杂质，可通过升华得到较纯净的咖啡碱晶体。

三、仪器与试剂

1. 仪器　索氏提取装置（恒温水浴锅、圆底烧瓶、索氏提取器、蛇形冷凝管）、蒸馏装置（恒温水浴锅、圆底烧瓶、直形冷凝管、尾接管）、蒸气浴装置（水浴锅、蒸发皿）、升华装置（电加热套、定制烧杯、玻璃漏斗）、滤纸、刮刀等。

2. 试剂　茶叶、95% 乙醇溶液、氧化钙（化学纯）、茶叶末等。

四、实验内容

称取茶叶末 10 g，将 10 cm×15 cm 滤纸卷成圆柱状，封闭底部，倒入茶叶，封闭上口制成茶叶包[①]，放入 125 mL 索氏提取器中，加入 95% 乙醇溶液 130 mL，95℃水浴加热回流提取，回流虹吸 3 次（每次时间在 15 min 左右），停止加热。改

① 茶叶包的大小既要紧贴器壁，又能方便取出，高度不超过虹吸管，要严防茶叶漏出。

为常压蒸馏装置回收提取液中大部分的乙醇，再将圆底烧瓶中的浓缩液倒入蒸发皿中，拌入氧化钙 2 ～ 3 g（起干燥和中和作用），先在蒸气浴上蒸干残留乙醇，再焙炒 5 min，使水分基本除去。然后将焙炒好的粗品倒入定制烧杯中，盖上 1 张预先扎好小孔的滤纸，上面倒扣一个干燥的玻璃漏斗（漏斗管中插入温度探头），控制加热套温度在 180℃左右[①]，小心升华。当滤纸上出现许多白色针状晶体时，暂停加热，让其自然冷却至 100℃左右。小心取下漏斗，揭开滤纸，用刮刀将纸上和器皿周围的咖啡碱刮下。残渣经搅拌后同法用较大的火再加热片刻，使升华完全。合并两次收集的咖啡碱。

五、装置图

（一）索氏提取装置和常压蒸馏装置

索氏提取装置（脂肪提取器）和常压蒸馏装置见图 1-2-6、图 1-2-7

（二）蒸气浴和升华装置

蒸气浴装置和升华装置见图 2-11-2、图 2-11-3。

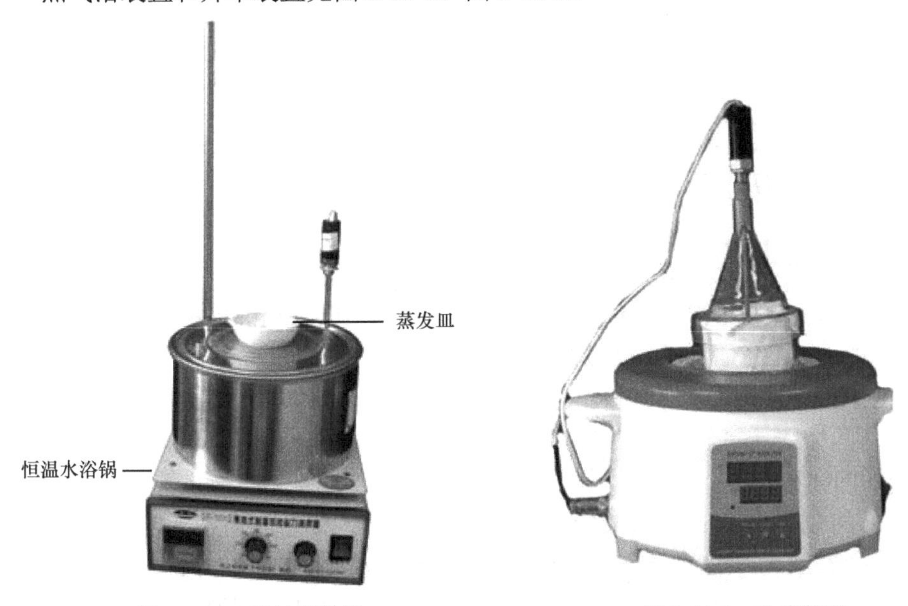

图 2-11-2　蒸气浴装置　　图 2-11-3　升华装置

六、思考题

1. 用升华法提纯固体有什么优点和局限性？

2. 索氏提取装置和回流装置有何不同？

① 在升华过程中，须始终严格控制温度，温度太高被烘物易冒烟炭化，导致产品不纯和损失。

实验十二　阿司匹林的制备及精制

一、实验目的

1. 熟悉水杨酸的乙酰化反应机制。

2. 掌握阿司匹林（乙酰水杨酸）的制备方法。

3. 设计一种或多种阿司匹林精制的方法并实施。

二、实验原理

乙酸酐在酸性条件下和水杨酸反应，分子中的酚羟基被乙酰化。

$$\text{C}_6\text{H}_4(\text{COOH})(\text{OH}) \xrightarrow[\text{H}^{\oplus}]{\text{H}_3\text{C}-\text{CO}-\text{O}-\text{CO}-\text{CH}_3} \text{C}_6\text{H}_4(\text{COOH})(\text{O}-\text{CO}-\text{CH}_3)$$

三、仪器与试剂

1. 仪器　恒温水浴锅、锥形瓶、布氏漏斗、吸滤瓶、烧杯、玻璃棒、表面皿、烘箱等。

2. 试剂　水杨酸（熔点 159℃）、乙酸酐（密度 1.0820 g/cm^3，沸点 139.5℃）、蒸馏水、浓硫酸、无水乙醇、50% 乙醇溶液等。

四、实验内容

1. 制备　称取水杨酸 5 g（0.036 mol），置于 100 mL 锥形瓶[①]中，加入乙酸酐 7 mL（0.073 mol），浓硫酸 3 滴。充分振摇，在 50 ～ 60℃恒温水浴锅中振摇 10 min[②]后，冷却，待晶体析出后加蒸馏水 75 mL，用玻璃棒轻轻搅拌，继续冷却至阿司匹林结晶完全，减压过滤，滤饼用蒸馏水 15 mL 分两次快速洗涤，抽干后得阿司匹林粗品。

2. 精制　将粗品移至 250 mL 锥形瓶中，加入无水乙醇 13 ～ 15 mL，于 50 ～ 60℃水浴中加热溶解；另取 40 mL 蒸馏水倒入 100 mL 锥形瓶中预热至 60℃，将热蒸馏水逐步倒入乙醇溶液中。这时如有固体析出则加热使之溶解，放置，自然冷却，慢慢析出针状结晶，减压过滤，滤饼用 50% 乙醇溶液 5 mL 洗涤，抽干，得晶体，置于表面皿上，放入烘箱 60℃干燥[③]。

---

① 乙酰化反应所用仪器、量具必须干燥。

② 水杨酸完全溶解，溶液澄明时开始计时。

③ 称重并计算产率。

五、思考题

1. 乙酰化反应时仪器为什么需要干燥？

2. 在精制过程中需要注意哪些事项？

实验十三　乙酸乙酯的制备

一、实验目的

1. 了解酯化反应的原理和制备乙酸乙酯的操作方法。

2. 巩固回流、蒸馏及使用分液漏斗等基本操作。

二、实验原理

羧酸和醇在酸催化下，可以脱水生成酯，是工业和实验室制备羧酸酯最重要的方法之一。常用的酸催化剂有浓硫酸、浓盐酸和对甲苯磺酸等。

乙酸和乙醇在浓硫酸的催化作用下加热脱水，制得乙酸乙酯。

$$CH_3\overset{\overset{\displaystyle O}{\|}}{C}-OH + CH_3CH_2OH \xrightleftharpoons[\triangle]{\text{浓硫酸}} CH_3\overset{\overset{\displaystyle O}{\|}}{C}-OCH_2CH_3 + H_2O$$

酯化反应是可逆反应，升高温度或使用催化剂（如浓硫酸）可加快反应，使反应在较短时间内达到平衡。当达到平衡后，酯的生成量就不再增多。为了提高酯的产量，通常使价廉的一种原料过量，或除去反应中生成的酯或水，或两种方法同时采用。本实验采用加入过量乙醇的方法。

浓硫酸除起催化作用外，也有脱水作用，能促使反应完全，但同时又可使乙醇分子间脱水生成少许乙醚。

三、仪器与试剂

1. 仪器　回流装置（恒温水浴锅、圆底烧瓶、球形冷凝管）、常压蒸馏装置（圆底烧瓶、蒸馏弯头、直形冷凝管、尾接管、接收瓶、木座）、分液漏斗等。

2. 试剂　无水乙醇、冰醋酸、浓硫酸、饱和碳酸钠溶液、饱和氯化钠溶液、饱和氯化钙溶液、无水硫酸钠等。

四、实验内容

在 100 mL 的圆底烧瓶中①，加入 23 mL 无水乙醇和 15 mL 冰醋酸②，并小心加入 1.5 mL 浓硫酸，充分搅拌③，装上回流冷凝管。用恒温水浴锅加热，回流反应

---

① 圆底烧瓶要洁净、干燥。

② 冰醋酸在气温较低时易凝结成冰状固体（m.p. 16.6℃）。取用时可用温水浴温热（微开瓶塞）使融化后量取。冰醋酸具强烈刺激臭味，皮肤接触会被灼伤变白甚至起疱。万一接触立即用水冲洗，然后涂以灼伤油膏或凡士林。

③ 浓硫酸要慢慢地加到反应液中。由于其比重大，易沉积在烧瓶底部，加热时易发生炭化现象，故需充分搅拌。浓硫酸具强酸性和腐蚀性，勿接触皮肤。万一接触，处理同冰醋酸。

0.5 h。稍冷后，改为常压蒸馏装置，直至在沸水浴上不再有馏出物为止，得粗乙酸乙酯。

边振摇边向粗乙酸乙酯中慢慢加入饱和碳酸钠溶液，直到无气体放出，pH 试纸检测呈中性。再将其倒入分液漏斗中，分出水层、有机层，分别用 10 mL 饱和氯化钠溶液和饱和氯化钙溶液洗涤①，用适量无水硫酸钠干燥 0.5 h②。

将干燥的粗乙酸乙酯滤入 50 mL 的蒸馏瓶中，置于水浴内加热蒸馏，收集 73 ～ 78℃馏分，称量并计算产率。

乙酸乙酯的沸点为 77.06℃，折光率 n_D^{20} 为 1.3727（图 2-13-1）。

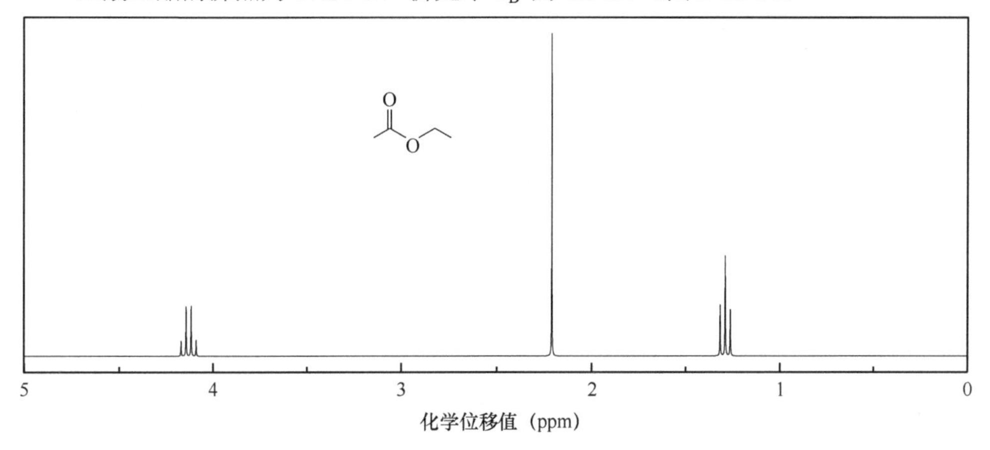

图 2-13-1　乙酸乙酯的 ^{1}H-NMR 谱图

五、思考题

1. 粗产品中含有哪些杂质？如何将它们除去？

2. 酯化反应有哪些特点？本实验中如何提高产品收率？还可以采用什么方法？

① 为减少乙酸乙酯在水中的溶解度（每 17 份水溶解 1 份乙酸乙酯），故用饱和氯化钠溶液洗涤。

② 无水硫酸钠干燥期间要不时振摇，若干燥不充分，会使沸点降低，影响产率。

实验十四　肉桂酸的制备

一、实验目的

1. 了解通过珀金（Perkin）反应和克诺文格尔（Knoevenagel）反应制备肉桂酸的原理。

2. 掌握常规的 Knoevenagel 反应制备肉桂酸的基本操作。

二、实验原理

1. 珀金反应　芳香醛和酸酐[1]在相应羧酸的碱金属盐的催化作用下，加热发生类似羟醛的缩合反应，生成 α,β-不饱和芳香酸，这个反应称为珀金反应。

例如，苯甲醛和乙酸酐在无水乙酸钾（乙酸钠）催化作用下缩合生成肉桂酸。

$$C_6H_5CHO + (CH_3CO)_2O \xrightarrow[\triangle]{CH_3COOK} C_6H_5CH{=}CHCOOH$$

$$AcOC(=O){-}CH_2{-}H \xrightarrow{AcO^-} AcOC(O^-){=}CH_2 \xrightarrow{PhCH{=}O} AcOC(=O){-}CH_2{-}CH(O^-)Ph \xrightarrow{CH_3COAc}$$

$$AcOC(=O){-}CH_2{-}CHPh{-}O{-}C(O^-)(CH_3)(OAc) \xrightarrow{-AcO^-} AcOC(=O){-}CH(H){-}CHPh{-}O{-}C(=O){-}CH_3 \;(AcO^-) \longrightarrow$$

$$AcOC(=O)CH{=}CHPh \xrightarrow{OH^-/H_2O} {}^-OOCCH{=}CHPh \xrightarrow{H^+} HOOCCH{=}CHPh$$

2. Knoevenagel 反应　含活泼亚甲基的化合物与醛或酮在弱碱性催化剂（氨、伯胺、仲胺、吡啶等有机碱）存在下缩合得到不饱和化合物。

例如，苯甲醛[2]和丙二酸在吡啶/哌啶或者无水乙酸铵（或乙酸钠）催化作用下缩合生成肉桂酸。

---

[1] 乙酸酐放久后因吸潮或水解变成乙酸，严重影响反应，所以在使用前一定要预先蒸馏。乙酸酐有强烈刺激性，勿接触皮肤。

[2] 苯甲醛在使用前一定要新鲜蒸馏。因为苯甲醛放久后易氧化生成苯甲酸，影响反应，而且苯甲酸混在产品中不易除去，将影响产品质量。苯甲醛具有苦杏仁气味，有毒。

O H + O O HO OH —(N H, 95℃，1.5 h)→ O OH + H_2O + CO_2

O H + O O HO OH —(NH_4OAc, 110℃，600 W, 6 min)→ O OH + H_2O + CO_2

三、仪器与试剂

1. 仪器　回流装置（恒温水浴锅、圆底烧瓶、球形冷凝管）、微波合成仪、烘箱、长颈圆底烧瓶、减压过滤装置等。

2. 试剂　苯甲醛、丙二酸、吡啶、哌啶、石油醚、乙酸乙酯、乙酸、3 mol/L HCl 溶液，乙酸铵、无水乙醇、浓盐酸、2.5 mol/L 氢氧化钠溶液等。

四、实验内容

1. 方法一：Knoevenagel 反应（常规方法）　分别称取丙二酸 3.12 g，苯甲醛 2.55 mL，吡啶 5 mL，哌啶 1 滴放入 100 mL 圆底烧瓶（丙二酸∶苯甲醛∶吡啶∶哌啶=1.2∶1∶2.5∶0.02，摩尔比），搅拌，95℃水浴 90 min。薄层色谱检测反应（石油醚与乙酸乙酯体积比为 3∶1，加一滴乙酸）。反应完后稍冷，取出反应瓶，加入 3 mol/L HCl 溶液约 25 mL（冰浴），析出固体，将固体产物搅碎，抽滤，用水洗涤两次，干燥，得粗品。将粗品用水-乙醇混合溶液（体积比 1 ∶ 3）约 15 mL 重结晶。抽滤，水洗，得白色晶体，于 80℃烘箱干燥。

纯肉桂酸（反式）为白色片状结晶，熔点为 131 ～ 136℃，^{1}H-NMR 谱图见图 2-14-1。

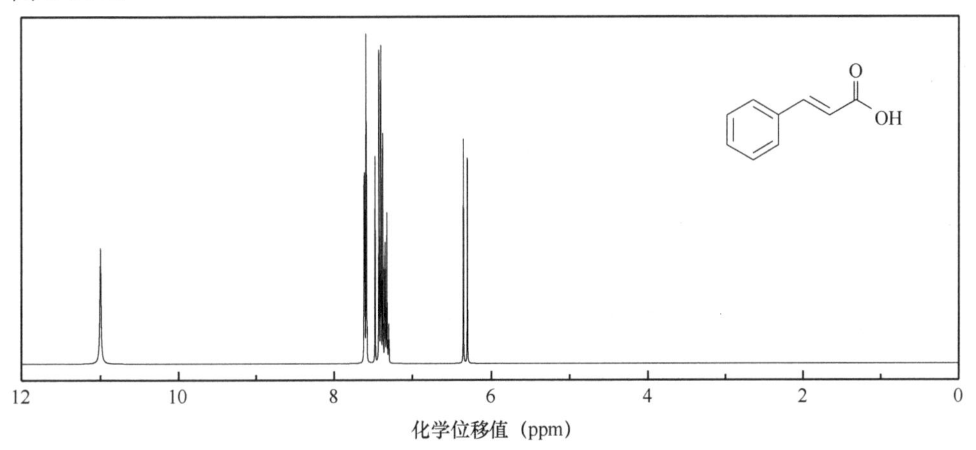

图 2-14-1　肉桂酸的 ^{1}H-NMR 谱图

2. 方法二：微波反应法 以苯甲醛（40 ～ 50 mmol）为基准，按丙二酸：苯甲醛：乙酸铵=1.1∶1∶1（摩尔比）投料至 20 mL 长颈圆底烧瓶中，摇匀。设置微波合成仪功率为 600 W，温度为 110℃，反应 6 min。反应混合物完全熔融成液体并有二氧化碳气体放出。待反应完全后，稍冷，取出反应瓶，加入冷水约 50 mL，析出固体，将固体产物搅碎，抽滤，用水洗涤两次，得粗品。粗品用 30 mL 蒸馏水溶解，然后用 2.5 mol/L 氢氧化钠溶液调 pH 至 8，加热溶解，趁热减压过滤出不溶物。滤液冷却后再用浓盐酸调 pH 至 2 ～ 3，析出固体，减压过滤，用蒸馏水洗滤饼，干燥后称量，得粗产物。粗品可用体积比为 3∶1 的乙醇：水溶液重结晶。

五、MAS-Ⅰ常压微波合成仪使用注意事项

MAS-Ⅰ常压微波合成仪见图 2-14-2。

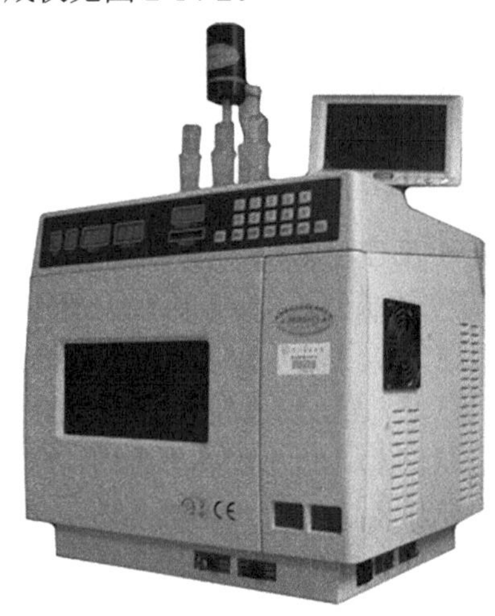

图 2-14-2 MAS-Ⅰ常压微波合成仪

1. 选择大小合适的反应瓶，使反应物高度高于红外温度感应探头。

2. 反应装置必须与大气相通。

3. 某些反应过于剧烈，蒸气产生速度过快时需使用蛇形冷凝管。

4. 使用完毕后，应清洁冷凝管等装置，并擦拭微波仪内部，保持整洁干燥。

六、思考题

1. 简述微波反应的优点。

2. 简述混合溶剂重结晶的原理和注意事项。

实验十五　邻硝基苯酚和对硝基苯酚的制备

一、实验目的

1. 通过邻硝基苯酚和对硝基苯酚的制备，掌握典型的硝化反应的原理。

2. 了解苯酚进行硝化时，用硝酸钠（或硝酸钾）与稀硫酸或用稀硝酸进行硝化时不同条件对反应的影响。

3. 了解分离邻硝基苯酚和对硝基苯酚的原理。

二、实验原理

由于酚羟基的供电子作用，苯酚很容易发生亲电取代反应，与冷的稀硝酸作用，生成邻硝基苯酚和对硝基苯酚的混合物。实验室多用硝酸钠（或硝酸钾）与稀硫酸的混合物代替稀硝酸，以减少苯酚被硝酸氧化的可能性，并有利于增加对硝基苯酚的产量，但仍有部分苯酚被氧化，生成少量焦油状物质。

邻硝基苯酚的硝基与酚羟基可通过分子内氢键形成六元环结构，而对硝基苯酚只能形成分子间氢键缔合物。因此，邻硝基苯酚沸点较对硝基苯酚低，在水中溶解度也较对硝基苯酚低得多，易随水蒸气挥发，可采用水蒸气蒸馏方法与对位异构体分离。

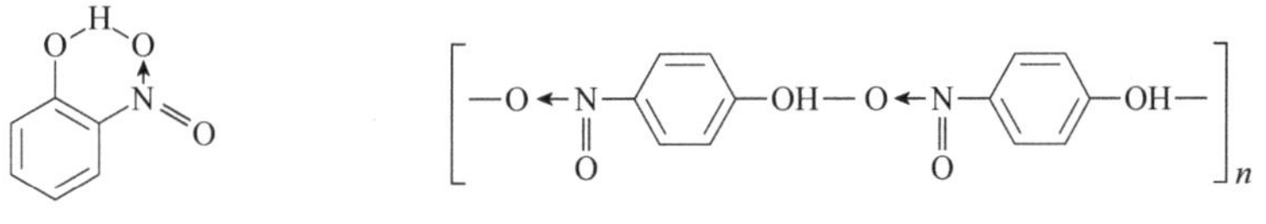

六元环结构　　　　分子间氢键缔合物

反应式：

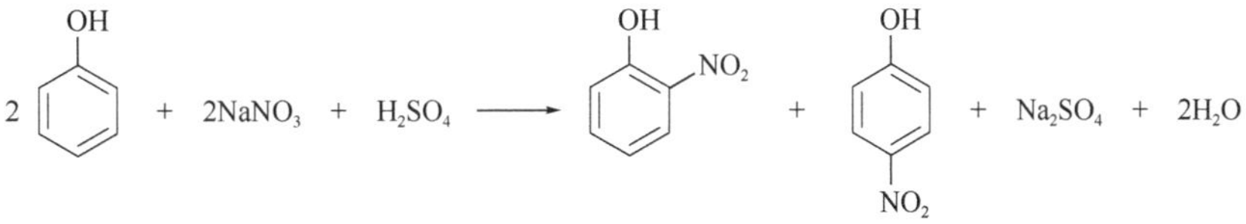

$$2\,C_6H_5OH + 2NaNO_3 + H_2SO_4 \longrightarrow o\text{-}HOC_6H_4NO_2 + p\text{-}HOC_6H_4NO_2 + Na_2SO_4 + 2H_2O$$

三、仪器与试剂

1. 仪器　三颈瓶、温度计、滴液漏斗、烧杯、水蒸气蒸馏装置（圆底烧瓶、水浴锅，安全管、T 形管、螺旋夹、直形冷凝管、尾接管、接收瓶、木座）、机械搅拌器等。

2. 试剂　苯酚、浓硫酸、硝酸钠、浓盐酸、2% HCl 溶液、活性炭、无水乙醇、蒸馏水等。

四、实验内容

250 mL 三颈瓶中间瓶口装上搅拌器，然后加入蒸馏水 25 mL，再缓慢加入浓硫酸 8.8 mL 和硝酸钠 9.6 g，搅拌使硝酸钠全部溶解。然后装上温度计和滴液漏斗，将三颈瓶用冰水浴冷却。在小烧杯中称取苯酚 5.8 g，并加入蒸馏水 ①2 mL，搅拌稍加热使溶解，冷至室温后转入滴液漏斗中。搅拌下滴加苯酚水溶液，冰水浴控制反应温度为 10 ～ 15℃ ②。滴加完毕后，保持此温度继续反应 0.5 h。反应液呈黑色焦油状物质，用冰水冷却使之固化。然后小心倒出酸液，固体物洗涤 3 次 ③，每次用 15 mL 水，除去剩余的酸液。将黑色油状固体进行水蒸气蒸馏，直至冷凝管中无黄色油滴馏出为止 ④。馏出液冷却后粗邻硝基苯酚迅速凝固成黄色固体，减压过滤，干燥得粗产品。粗产品用乙醇-水混合溶剂重结晶，可得邻硝基苯酚黄色针状结晶。

在水蒸气蒸馏后的剩余液体中，加蒸馏水至总体积约为 80 mL，再加入浓盐酸 5 mL 和活性炭 0.5 g，煮沸约 10 min，趁热过滤。滤液再用活性炭脱色一次。将两次脱色后的溶液加热，用滴管将其分批滴入浸在冰水浴内的另一烧杯中，边滴加边搅拌，对硝基苯酚立即析出。减压过滤，干燥得对硝基苯酚粗产品。粗产品用 2% HCl 溶液重结晶，得对硝基苯酚无色针状晶体。

邻硝基苯酚熔点为 45.3 ～ 45.7℃，对硝基苯酚熔点为 114.9 ～ 115.6℃。核磁数据见图 2-15-1 至图 2-15-4。

五、思考题

1. 本实验有哪些可能的副反应？如何减少这些副反应的产生？

2. 比较苯、硝基苯和苯酚硝化的难易，并说明理由。

3. 为什么邻硝基苯酚和对硝基苯酚可采用水蒸气蒸馏的方法来分离？

---

① 加水可降低苯酚的熔点，使其呈液态，有利于反应。

② 反应温度超过 20℃时，硝基苯酚可进一步硝化或被氧化，使其产量降低，对硝基苯酚所占比例有所增加。

③ 可以将反应液放入冰水浴冷却，使油状物固化。如反应温度较高，黑色油状物很难固化，可用滴管吸取瓶内酸液。残余酸液必须洗净，否则在水蒸气蒸馏过程中，由于温度过高，会使硝基苯酚进一步硝化或氧化。

④ 水蒸气蒸馏时，要注意防止邻硝基苯酚的晶体析出而堵塞冷凝管。如若出现堵塞情况，可调节冷凝水，让热的蒸气通过并使其熔化，然后再慢慢开大水流，以免热的蒸气使邻硝基苯酚伴随逸出。

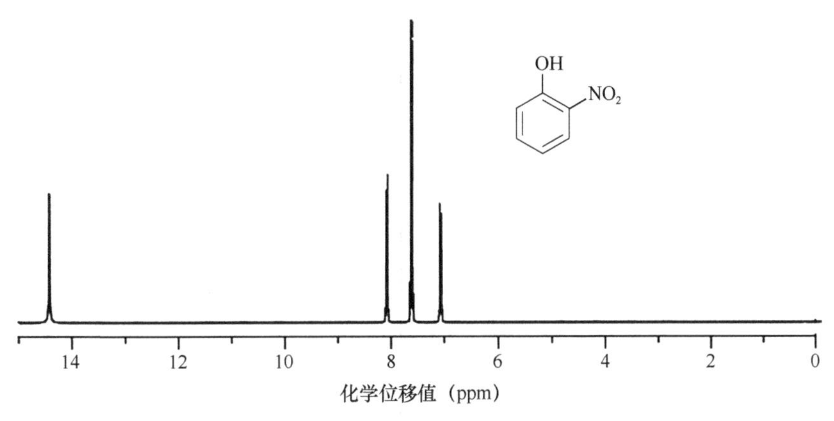

图 2-15-1　邻硝基苯酚的 ^{1}H-NMR 图谱

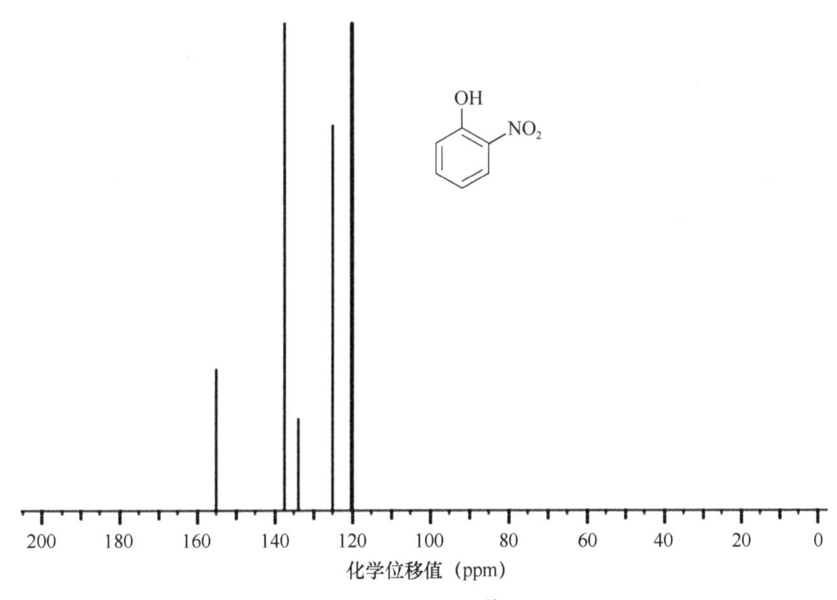

图 2-15-2　邻硝基苯酚的 ^{13}C-NMR 图谱

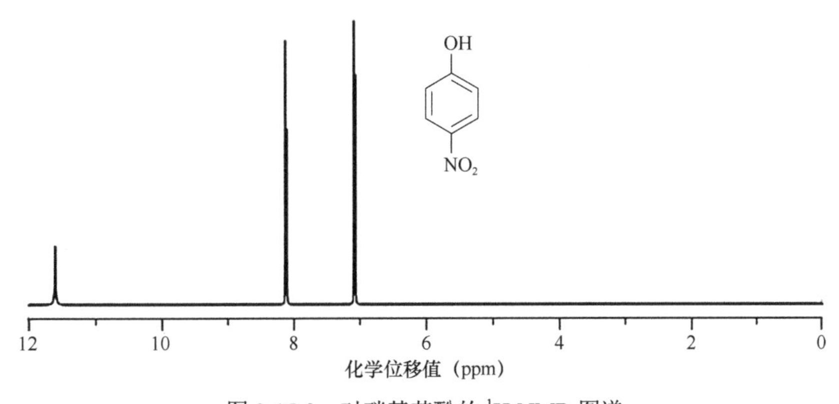

图 2-15-3　对硝基苯酚的 ^{1}H-NMR 图谱

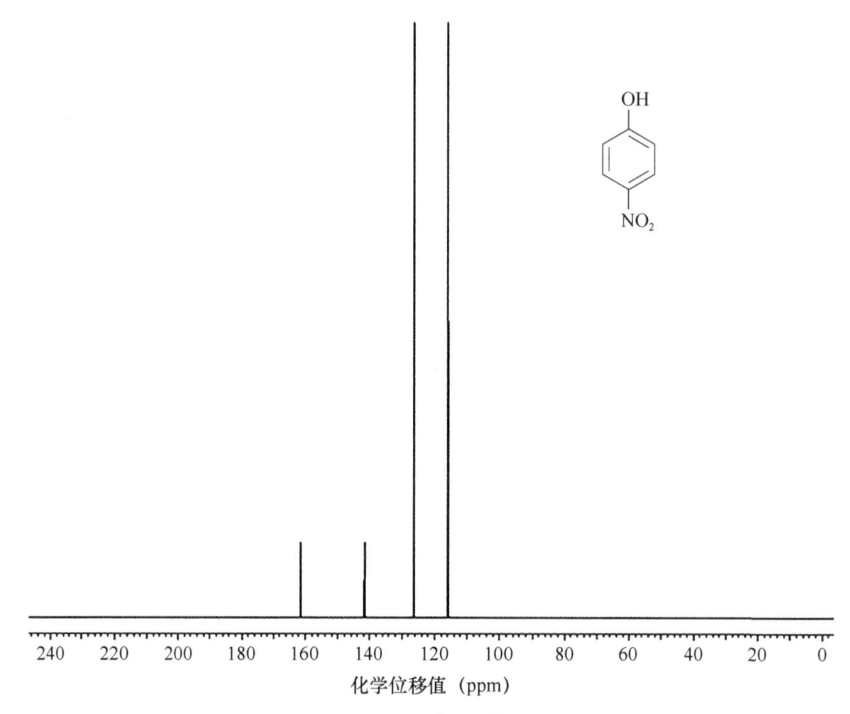

图 2-15-4 对硝基苯酚的 ^{13}C-NMR 图谱

实验十六　外消旋 α-苯乙胺的手性拆分

一、实验目的

1. 掌握化学拆分法拆分外消旋化合物的原理和方法。

2. 掌握手性拆分的操作及应用。

二、实验原理

肾上腺素激动剂是一类使肾上腺素受体兴奋，产生肾上腺素样作用的药物。主要用于治疗事故性心搏骤停和过敏性休克等症状。苯乙胺为该类药物的基本结构，后来又发现了一系列对 α-肾上腺素受体（简称 α-受体）和 β-肾上腺素受体（简称 β-受体）具有较高选择性、性质稳定、作用强的类似物。手性分子的两种旋光异构体具有不同的药理特性，因此，对此类外消旋体化合物通过手性试剂进行拆分得到单一构型的化合物有非常重要的意义。

拆分外消旋体最常用的方法是利用化学反应把对映体变为非对映体。如果手性化合物的分子中含有一个易于反应的拆分基团，如羧基或氨基等，就可以使它与一个纯的旋光化合物（拆解剂）反应，从而把一对对映体变成两种非对映体。由于非对映体具有不同的物理性质，如溶解性、结晶性等，利用重结晶等方法将它们分离、精制，然后再去除拆解剂，就可以得到纯的旋光化合物，达到拆分的目的。

本实验采用 (+)-酒石酸为拆解剂，它与外消旋 α-苯乙胺形成非对映异构体的盐。其反应如下：

NH_2 ; COOH, H—OH, HO—H, COOH

CH_3, H—$\overset{+}{N}H_3$, C_6H_5 • COOH, H—OH, HO—H, COOH $\xrightarrow{OH^-}$ CH_3, H—NH_2, C_6H_5 + COOH, H—OH, HO—H, COOH

(*S*)-(−)-*α*-苯乙胺

CH_3, $H_3\overset{+}{N}$—H, C_6H_5 • COOH, H—OH, HO—H, COOH $\xrightarrow{OH^-}$ CH_3, H_2N—H, C_6H_5 + COOH, H—OH, HO—H, COOH

(*R*)-(+)-*α*-苯乙胺

由于 (+)-酒石酸-(−)-*α*-苯乙胺盐与其非对映体的盐在甲醇中的溶解度不一样，其可从溶液中以结晶析出，经稀碱处理 (*S*)-(−)-*α*-苯乙胺便可游离出来。

三、仪器与试剂

1. 仪器 回流装置（水浴锅、茄形瓶、球形冷凝管）、减压过滤装置（布氏漏斗、吸滤套塞、吸滤瓶、安全瓶）、分液漏斗、圆底烧瓶、旋转蒸发仪等。

2. 试剂 外消旋 *α*-苯乙胺、(+)-酒石酸、无水甲醇、乙醚（分析纯）、无水硫酸钠、50% 氢氧化钠溶液等。

四、实验内容

1. 非对映异构体的制备 在装有 35 mL 无水甲醇的茄形瓶中加入 (+)-酒石酸 3.8 g，60℃加热，搅拌使其溶解，然后加入外消旋 *α*-苯乙胺 3.0 g，继续搅拌 15 min，完全溶解后室温放置，将茄形瓶塞住，等待析出白色棱状晶体。若无晶体析出需要稍加振荡。析晶完全后减压过滤，得到白色晶体和滤液，对晶体和滤液分别处理。洗涤干燥晶体，得到 (+)-酒石酸-(–)-*α*-苯乙胺盐，烘干，称量并计算产率。

2. 外消旋体的分离

（1）(*S*)-(–)-*α*-苯乙胺的制备：将晶体溶于 10 mL 蒸馏水中，再加入 50% 氢氧化钠溶液 2 mL，固体充分溶解后，将溶液转入 50 mL 分液漏斗中，每次使用 10 mL 乙醚萃取，重复三次，合并乙醚溶液。使用无水硫酸钠干燥乙醚溶液。干燥后的乙醚溶液转移至预先称重的 50 mL 圆底烧瓶中，蒸馏除去乙醚，称重即得到 (*S*)-(–)-*α*-苯乙胺的质量（为液体）。

（2）(*R*)-(+)-*α*-苯乙胺的制备：使用旋转蒸发（需要 50℃）或者水浴加热的方式浓缩滤液，浓缩得到白色偏黄色固体，加入 10 mL 蒸馏水，再加入 50% 氢氧化钠溶液 2 mL，固体充分溶解后转入 50 mL 分液漏斗中，每次使用 10 mL 乙醚萃取，重复用乙醚提取三次，合并乙醚萃取液。使用无水硫酸钠干燥乙醚溶液。蒸馏除去乙醚，得到无色透明油状物 (*R*)-(+)-*α*-苯乙胺的粗品。

3. 旋光度的测定 纯的 (*S*)-(–)-*α*-苯乙胺比旋光度为–39.5°；(*R*)-(+)-*α*-苯乙胺比旋光度为+39.5°，密度为 0.9395 g/mL。直接测定上述拆分得到的 (*S*)-(–)-*α*-苯乙胺旋光度，计算拆分后单个化合物的光学纯度。

$$\text{光学纯度}=[\alpha]_{\text{测}}/[\alpha]_{\text{标准}}\times 100\%$$

五、思考题

1. 为提高产物的光学纯度，本实验的关键步骤是什么？

2. 测定旋光度应注意哪些问题？

3. 手性拆分有几种方法？请结合所学知识举例说明外消旋体拆分的意义。

实验十七　各类有机化合物的性质鉴定

一、实验目的

1. 理解各类化合物结构和性质之间的关系。

2. 掌握并验证各类化合物的性质。

二、实验原理

1. 醇的溶解度　取 3 支试管，分别加入无水乙醇、戊醇和甘油各 4 滴，在不断振摇下滴加蒸馏水至 2 mL，看是否溶解。以同法在干燥试管中，试验上述醇类在乙醚中的溶解度（如未加足 2 mL 即已溶解，就不必多加）。使用乙醚时要注意防火。比较三种醇在水和乙醚中的溶解度，并做出解释。

2. 与卢卡斯（Lucas）试剂的反应　取 3 支干燥试管，各加入 1 mL 卢卡斯试剂，然后分别加入正丁醇、仲丁醇、叔丁醇各 5 滴，室温下振摇，静置并观察反应物是否变浑浊？有无分层现象？记录各样品产生这些现象的时间，哪种醇反应最快，哪种最慢或不反应。

对于有反应的样品，再用 1 mL 浓盐酸代替卢卡斯试剂做同样的试验，比较结果。

3. 酚的极易被氧化性　取少量苯酚加蒸馏水溶解，滴加 0.1% 高锰酸钾溶液数滴，有棕色二氧化锰生成。

4. 碘仿反应　取 3 支试管，分别加入丙酮、95% 乙醇溶液和乙醛 2 滴，再各加鲁氏碘液（碘-碘化钾溶液）1 mL，分别滴加 2.5 mol/L 氢氧化钠溶液至反应混合物的颜色褪去。放置 15 ～ 20 min 后嗅之并观察现象，如无沉淀产生，则在 60℃水中加热数分钟，放冷后再进行观察。

5. 与氨制硝酸银的反应

（1）氨制硝酸银溶液的配制：取洁净试管 1 支，加 0.1 mol/L 硝酸银溶液 1 mL 及 2.5 mol/L 氢氧化钠溶液 1 滴，在振摇下滴加 1 mol/L 氨水，滴至氢氧化银沉淀刚刚溶解为止。此溶液又称托伦（Tollen）试剂。溶液中含有银氨络合物。

$$AgNO_3 + NaOH \longrightarrow AgOH\downarrow + NaNO_3$$

$$2AgOH \longrightarrow Ag_2O + H_2O$$

$$Ag_2O + 4NH_3 + H_2O \longrightarrow 2\left[Ag(NH_3)_2\right]OH$$

（2）将上面配好的氨制硝酸银溶液，倒入 3 支洁净的干燥试管中，分别加入 5% 葡萄糖溶液、5% 果糖溶液、5% 蔗糖溶液各 5 滴，温水中（50 ～ 60℃）温热几分钟（不能用直火），观察试管中是否有银镜生成，写出反应式。

6. 与碱性酒石酸铜溶液（费林试剂，Fehling reagent）的反应　取试管 1 支，依次加入费林试剂 A、B 各 1 mL，开始生成 $Cu(OH)_2$ 沉淀，振摇后即溶解，把溶液分别倒入 2 支洁净的试管中，再分别加入苯甲醛、丁醛各 5 滴，将试管放在水浴中温热，观察各支试管各有什么现象产生，写出反应式。

7. 羧酸的氧化反应 取 0.5 mL 0.1% 高锰酸钾溶液倒入试管中，加 5 滴乙酸混匀后加热至沸，观察是否有反应发生。

以甲酸 5 滴、草酸少许重复上述试验，记录所观察的现象与乙酸产生的现象有何不同，为什么？

8. 乙酸酐的水解反应 取试管 1 支，加蒸馏水 0.5 mL，加乙酸酐 5 滴。加热后，嗅之有乙酸味。

9. 乙酸酐的醇解反应 取干燥试管 1 支，加正丁醇 6 滴，慢慢加入乙酸酐 3 滴，水浴上加热振摇，静置片刻，加蒸馏水 2 mL，则有酯浮于水面，嗅之则具有香蕉味。

10. 酯的水解反应 取试管 3 支，各加乙酸乙酯 4 滴、蒸馏水 2 mL，然后第一支试管中加 6 mol/L 硫酸溶液 4 滴，第二支试管中加 6 mol/L 氢氧化钠溶液 4 滴，第三支试管不加酸、碱，把 3 支试管同时放到水浴上加热，时常振摇，注意观察 3 支试管中酯的液滴和香味消失的速度，解释为什么。写出反应式。

11. 酰胺的水解反应

（1）酸性水解：取乙酰胺 0.1 g 加入试管中，加 3 mol/L 硫酸溶液 1 mL，加热至微沸，嗅之，有乙酸味。用蓝色石蕊试纸在试管口测试，观察是否变红。

（2）碱性水解：取乙酰胺 0.1 g 加入试管中，加 3 mol/L 氢氧化钠溶液 1 mL，加热至微沸，嗅之，有氨的气味。用红色石蕊试纸在试管口测试，观察是否变蓝。

12. 尿素的水解 以尿素代替乙酰胺重复上述试验，其结果有何区别？（尿素水解生成二氧化碳微小气泡，不能使蓝色石蕊试纸变红）。

13. 氨基酸与茚三酮的反应 取 0.03 mol/mL 谷氨酸溶液 1 滴，滴在滤纸上，再滴加 0.01 mol/mL 茚三酮乙醇溶液 1 滴，将滤纸放入 60℃烘箱加热 5min 左右，观察是否有紫红色或蓝色斑点的出现。

14. 杂环化合物的性质

（1）水溶性：取苯、吡啶、喹啉、吡咯各 1 滴，分别加入 1 mL 蒸馏水中，观察是否溶解。

（2）碱性：取吡啶、*N,N*-二甲基苯胺、二甲胺、吡咯、喹啉各 1 滴溶于 1 mL 水中，分别用玻璃棒蘸取其水溶液用 pH 试纸测试，比较它们的碱性强弱。

（3）抗氧化性：取吡啶、喹啉各 2 滴，加 0.1% 高锰酸钾溶液和 10% 碳酸钠溶液各 0.5 mL，混匀。观察高锰酸钾溶液在冷时和煮沸时颜色变化。

（4）苦味酸盐的形成：取饱和苦味酸水溶液 1 mL 倒入 2 支试管，分别加吡啶、喹啉 1～2 滴，即析出苦味酸盐的针状结晶。置显微镜下观察晶形。

注：吡啶与苦味酸形成的苦味酸盐结晶，能溶于过量的吡啶中，故样品不要过量。

15. 糖的化学反应：双糖和多糖的水解反应　取试管 2 支，一支试管中加入 5% 蔗糖溶液 2 mL，另一支试管中加入淀粉约 0.1 g 及蒸馏水 2 mL，每管中均加浓盐酸 4 ～ 5 滴，在沸水浴中加热 20 min，放冷，加 3 mol/L 氢氧化钠溶液中和。取此溶液 0.5 mL 与费林试剂反应，比较蔗糖和淀粉在水解前后的差别。

16. 缩二脲的生成和反应　取 0.1 g 尿素加入干燥的试管中，加热至其熔点以上，先熔融，然后放出大量氨气，继续加热，熔化物逐渐变稠，最后凝为固体，即得缩二脲。放冷，加入 0.5 ～ 1 mL 蒸馏水，搅拌使之溶解，溶液中加 3 mol/L 氢氧化钠溶液 1 ～ 2 滴和 1% 硫酸铜溶液 1 滴，观察颜色变化。

实验记录格式见表 2-17-1。

表 2-17-1　实验记录

序号	方程式	实验现象	结论
1			
2			
⋮			

三、仪器与试剂

1. 仪器　试管、恒温水浴锅、试管架等。

2. 试剂　无水乙醇、戊醇、甘油、乙醚、正丁醇、仲丁醇、叔丁醇、浓盐酸、苯酚、高锰酸钾、丙酮、95% 乙醇溶液、乙醛、鲁氏碘液、硫酸、氢氧化钠、硝酸银、氨水、葡萄糖、果糖、蔗糖、淀粉、甲酸、乙酸、草酸、乙酸酐、乙酸乙酯、乙酰胺、尿素、谷氨酸、茚三酮、苯、吡啶、喹啉、吡咯、*N,N*-二甲基苯胺、二甲胺、苦味酸、苯甲醛、丁醛、硫酸铜、蓝色石蕊试纸、红色石蕊试纸等。

（1）卢卡斯试剂：浓盐酸 27 g（23 mL）与熔融过的无水氯化锌 34 g 配制成的溶液。配制时应同时冷却以防止氯化氢逸出。

（2）费林试剂：费林试剂 A 为硫酸铜溶液，费林试剂 B 为酒石酸钾钠和氢氧化钠的水溶液。

四、思考题

1. 在醇与卢卡斯试剂反应的实验中，水是否可以加多？氯化锌在实验中起何作用？

2. 在和托伦试剂反应的实验中，装有果糖、蔗糖溶液的试管也出现了银镜，试分析原因。

第三部分　附　　录

第一章　常用化学试剂

一、试剂纯度

通常，我国的试剂按纯度（杂质含量的多少）分为高纯试剂、光谱纯试剂、基准试剂、分光纯试剂、优级纯试剂、分析纯试剂和化学纯试剂等。

国家和主管部门颁布的现行化学试剂质量标准则将试剂纯度分为优级纯、分析纯、化学纯和实验试剂 4 种。

1. 优级纯（guarantee reagent，G.R.） 又称一级品，这种试剂纯度最高（99.8%），杂质含量最低，适合于重要精密的分析工作和科学研究工作。瓶签颜色为绿色。

2. 分析纯（analytical reagent，A.R.） 又称二级品，纯度很高（≥ 99.5%），但略次于优级纯，适合于重要分析及一般研究工作。瓶签颜色为红色。

3. 化学纯（chemical pure，C.P.） 又称三级品，纯度较高（≥ 98.5%），存在干扰杂质，用于要求较高的无机和有机化学实验，或要求不高的分析检验。瓶签颜色为蓝色。

4. 实验试剂（laboratory reagent，L.R.） 又称四级试剂，纯度较差，杂质含量不做要求，只适用于一般化学实验和合成制备。瓶签颜色为黄色。

二、常用化学试剂性质与常识

乙醚（diethyl ether）

1. 基本信息

化学式：$(CH_3CH_2)_2O$　　摩尔质量：74.12 g/mol

CAS 编号：60-29-7　　性状：无色透明液体

沸点：34.6℃　　闪点：–40℃（闭杯）

熔点：–116℃　　气味：刺激性气味

密度：0.71 g/mL（20℃）

溶解性：微溶于水，易溶于苯、正己烷、四氯化碳等有机溶剂

2. 实验室安全性及使用规范

2.1 危险品标识

2.2 危险性评述

乙醚为易挥发、极易燃液体。吞食有害，蒸气可能导致嗜睡或头晕。属二类易制毒试剂，根据《危险化学品安全管理条例》和《易制毒化学品管理条例》受公安部门管制。

2.3 安全使用说明

避免接触皮肤和眼睛，避免吸入蒸气或薄雾。使用时请远离火源。

保存时，需将容器密封，置于阴凉且干燥通风处。打开的容器必须重新仔细密封，并保持直立，以防止泄漏。

2.4 急救及消防措施

2.4.1 急救

若发生吸入性损害，把患者移至通风环境中。如果患者不能呼吸，立即进行人工呼吸并咨询医生。

若接触皮肤，立即用肥皂和大量清水冲洗接触部位。

若不慎入眼，立即用大量清水冲洗眼睛，防止进一步损伤。

若发生误食吞服，用大量清水漱口，同时咨询医生。注意切勿给失去知觉的患者口服任何东西。

2.4.2 消防措施

如果产生明火并引发火灾，使用干粉灭火器或干砂扑灭。禁止用水灭火。

石油醚（petroleum ether）

1. 基本信息

CAS 编号：8032-32-4　　性状：无色透明液体

沸点：30 ～ 60℃　　闪点：＜ –40℃

密度：0.64 g/mL（25℃）　　气味：煤油气味

溶解性：不溶于水，溶于乙醇、苯、三氯甲烷等有机溶剂

2. 实验室安全性及使用规范

2.1 危险品标识

2.2 危险性评述

石油醚为易挥发、高易燃液体。接触会引起皮肤刺激；吞食或进入呼吸道会造成生命危险，并且可能导致嗜睡或头晕。对水生生物有毒，影响持久。

2.3 安全使用说明

避免接触皮肤和眼睛，避免吸入蒸气或薄雾。使用时请远离火源。

保存时，需将容器密封，置于阴凉且干燥通风处。打开的容器必须重新仔细密封，并保持直立，以防止泄漏。

2.4 急救及消防措施

2.4.1 急救

若发生吸入性损害，把患者移至通风环境中。如果患者不能呼吸，立即进行人工呼吸并咨询医生。

若接触皮肤，立即用肥皂和大量清水冲洗接触部位。

若不慎入眼，立即用大量清水冲洗眼睛，防止进一步损伤。

若发生误食吞服，用大量清水漱口，同时咨询医生。注意切勿给失去知觉的患者口服任何东西。

2.4.2 消防措施

如果产生明火并引发火灾，使用干粉灭火器或干砂扑灭。禁止用水灭火。

正己烷（*n*-hexane）

1. 基本信息

化学式：C_6H_{14}　　摩尔质量：86.18 g/mol

CAS 编号：110-54-3　　性状：无色透明液体

沸点：69℃　　闪点：–22℃（闭杯）

熔点：–95℃　　气味：烃类特殊气味

密度：0.659 g/mL（25℃）

溶解性：几乎不溶于水，易溶于三氯甲烷、乙醚、乙醇

2. 实验室安全性及使用规范

2.1 危险品标识

2.2 危险性评述

正己烷为易挥发、高易燃液体。接触会引起皮肤刺激；吞食或进入呼吸道会造成生命危险；如长期或反复吸入，可能对器官（神经系统）造成损害，导致嗜睡或头晕；可能对生育能力造成损害。对水生生物有毒，影响持久。

2.3 安全使用说明

避免接触皮肤和眼睛，避免吸入蒸气或薄雾。使用时请远离火源。

保存时，需将容器密封，置于阴凉且干燥通风处。打开的容器必须重新仔细密封，并保持直立，以防止泄漏。

2.4 急救及消防措施

2.4.1 急救

若发生吸入性损害，把患者移至通风环境中。如果患者不能呼吸，立即进行人工呼吸并咨询医生。

若接触皮肤，立即用肥皂和大量清水冲洗接触部位。

若不慎入眼，立即用大量清水冲洗眼睛，防止进一步损伤。

若发生误食吞服，用大量清水漱口，同时咨询医生。注意切勿给失去知觉的患者口服任何东西。

2.4.2 消防措施

如果产生明火并引发火灾，使用干粉灭火器或干砂扑灭。禁止用水灭火。

甲醇（methanol）

1. 基本信息

化学式：CH_3OH　　摩尔质量：32.04 g/mol

CAS 编号：67-56-1　　性状：无色透明液体

沸点：64.7℃　　闪点：9.7℃（闭杯）

熔点：–98℃　　气味：有特殊刺激性气味

密度：0.79 g/mL（20℃）

溶解性：溶于水，可混溶于醇类、乙醚等多数有机溶剂

2. 实验室安全性及使用规范

2.1 危险品标识

2.2 危险性评述

甲醇为易挥发、高易燃液体。吞食、皮肤接触或吸入有毒，会损害眼睛、中枢神经系统等器官。

2.3 安全使用说明

避免接触皮肤和眼睛，避免吸入蒸气或薄雾。使用时请远离火源。

保存时，需将容器密封，置于阴凉且干燥通风处。打开的容器必须重新仔细密封，并保持直立，以防止泄漏。

2.4 急救及消防措施

2.4.1 急救

若发生吸入性损害，把患者移至通风环境中。如果患者不能呼吸，立即进行人工呼吸并咨询医生。

若接触皮肤，立即脱去被污染的衣物，并用大量清水冲洗接触部位。

若不慎入眼，立即用大量清水冲洗眼睛至少 15 min，防止进一步损伤。

若发生误食吞服，用大量清水漱口，同时咨询医生。注意切勿给失去知觉的患者口服任何东西。

2.4.2 消防措施

如果产生明火并引发火灾，使用泡沫灭火器、干粉灭火器或干砂扑灭。

乙醇（ethanol）

1. 基本信息

化学式：C_2H_5OH

摩尔质量：46.07 g/mol

CAS 编号：64-17-5

性状：无色透明液体

沸点：78℃

闪点：13℃（闭杯）

熔点：–114℃

气味：有特殊香味，并略带刺激气味

密度：0.789 g/mL（25℃）

溶解性：与水混溶，可混溶于乙醚、三氯甲烷、甘油、甲醇等多数有机溶剂

2. 实验室安全性及使用规范

2.1 危险品标识

2.2 危险性评述

乙醇为易挥发、高易燃液体。接触会造成严重的眼睛刺激。

2.3 安全使用说明

避免接触皮肤和眼睛，避免吸入蒸气或薄雾，不可直接饮用。使用时请远离火源。

保存时，需将容器密封，置于阴凉且干燥通风处。打开的容器必须重新仔细密封，并保持直立，以防止泄漏和吸潮。

2.4 急救及消防措施

2.4.1 急救

若发生吸入性损害，把患者移至通风环境中。如果患者不能呼吸，立即进行

人工呼吸并咨询医生。

若接触皮肤，用肥皂和大量清水冲洗接触部位。

若不慎入眼，立即用大量清水冲洗眼睛至少 15 min，防止进一步损伤。

若发生误食吞服，用大量清水漱口，同时咨询医生。注意切勿给失去知觉的患者口服任何东西。

2.4.2 消防措施

如果产生明火并引发火灾，使用干粉灭火器或干砂扑灭。禁止用水灭火。

正丁醇（*n*-butanol）

1. 基本信息

化学式：$CH_3(CH_2)_3OH$　　摩尔质量：74.12 g/mol

CAS 编号：71-36-3　　性状：无色透明液体

沸点：118℃　　闪点：35℃（闭杯）

熔点：–90℃　　气味：有醇类气味

密度：0.81 g/mL（20℃）

溶解性：微溶于水，能与乙醇、乙醚及许多其他有机溶剂混溶

2. 实验室安全性及使用规范

2.1 危险品标识

2.2 危险性评述

正丁醇为挥发性易燃液体。吞食有害，可能导致嗜睡或头晕；接触会引起皮肤刺激，造成严重的眼睛损伤；吸入可能引起呼吸道刺激。

2.3 安全使用说明

避免接触皮肤和眼睛，避免产生蒸气或气溶胶。使用时请远离火源。

保存时，需将容器密封，置于阴凉且干燥通风处。打开的容器必须在惰性气体保护下重新密封，并保持直立，以防止泄漏和吸潮。

2.4 急救及消防措施

2.4.1 急救

若发生吸入性损害，把患者移至通风环境中。如果患者不能呼吸，立即进行人工呼吸并咨询医生。

若接触皮肤，立即脱去被污染的衣物，并用肥皂和大量清水冲洗接触部位。

若不慎入眼，立即用大量清水冲洗眼睛，防止进一步损伤。

若发生误食吞服，立即让患者喝水（最多两杯），同时咨询医生。注意切勿给失去知觉的患者口服任何东西。

2.4.2 消防措施

如果产生明火并引发火灾，使用二氧化碳泡沫灭火器或干粉灭火器灭火。

仲丁醇（2-butanol）

1. 基本信息

化学式：$CH_3CH(OH)CH_2CH_3$　　摩尔质量：74.12 g/mol

CAS 编号：78-92-2　　性状：无色透明液体

沸点：98℃　　闪点：27℃（闭杯）

熔点：–115℃　　气味：有醇类气味

密度：0.81 g/mL（20℃）　　溶解性：易溶于水

2. 实验室安全性及使用规范

2.1 危险品标识

2.2 危险性评述

仲丁醇为挥发性易燃液体。接触会造成严重的眼睛损伤；吸入可能引起呼吸道刺激，导致嗜睡或头晕。

2.3 安全使用说明

避免接触皮肤和眼睛，避免产生蒸气或气溶胶。使用时请远离火源。

保存时，需将容器密封，置于阴凉且干燥通风处。打开的容器必须重新密封，并保持直立，以防止泄漏。

2.4 急救及消防措施

2.4.1 急救

若发生吸入性损害，把患者移至通风环境中。如果患者不能呼吸，立即进行人工呼吸并咨询医生。

若接触皮肤，立即脱去被污染的衣物，并用肥皂和大量清水冲洗接触部位。

若不慎入眼，立即用大量清水冲洗眼睛，防止进一步损伤。

若发生误食吞服，立即让患者喝水（最多两杯），同时咨询医生。注意切勿给失去知觉的患者口服任何东西。

2.4.2 消防措施

如果产生明火并引发火灾，使用二氧化碳泡沫灭火器或干粉灭火器灭火。

叔丁醇（tert-butanol）

1. 基本信息

化学式：$(CH_3)_3COH$　　摩尔质量：74.12 g/mol

CAS 编号：75-65-0　　性状：无色透明液体

沸点：83℃　　闪点：15℃（闭杯）

熔程：23 ～ 26℃　　气味：有类似樟脑的气味

密度：0.81 g/mL（20℃）

溶解性：能与水、醇、酯、醚、脂肪烃、芳香烃等多种有机溶剂混溶

2. 实验室安全性及使用规范

2.1 危险品标识

2.2 危险性评述

叔丁醇为挥发性高易燃液体。会造成眼睛刺激；吸入有害，可能引起呼吸道刺激，导致嗜睡或头晕。

2.3 安全使用说明

避免吸入和接触眼睛。使用时在通风橱中取用，避免产生蒸气或气溶胶，并远离火源。

保存时，需将容器密封，置于阴凉且干燥通风处。打开的容器必须在惰性气体保护下重新密封，并保持直立，以防止泄漏和吸潮。

2.4 急救及消防措施

2.4.1 急救

若发生吸入性损害，把患者移至通风环境中。如果患者不能呼吸，立即进行人工呼吸并咨询医生。

若接触皮肤，立即脱去被污染的衣物，并用肥皂和大量清水冲洗接触部位。

若不慎入眼，立即用大量清水冲洗眼睛，防止进一步损伤。

若发生误食吞服，立即让患者喝水（最多两杯），同时咨询医生。注意切勿给失去知觉的患者口服任何东西。

2.4.2 消防措施

如果产生明火并引发火灾，使用二氧化碳泡沫灭火器或干粉灭火器灭火。

戊醇（1-pentanol）

1. 基本信息

化学式：$CH_3(CH_2)_4OH$　　摩尔质量：88.15 g/mol

CAS 编号：71-41-0　　性状：无色透明液体

沸程：136 ～ 138℃　　闪点：49℃（闭杯）

熔点：–78.2℃　　气味：略有特殊气味

密度：0.811 g/mL（25℃）

溶解性：微溶于水，溶于丙酮，可混溶于乙醇、乙醚等多数有机溶剂

2. 实验室安全性及使用规范

2.1 危险品标识

2.2 危险性评述

戊醇为挥发性易燃液体。接触会造成皮肤刺激和严重的眼睛损伤；吸入有害，可能引起呼吸道刺激。

2.3 安全使用说明

避免吸入和接触皮肤、眼睛。使用时在通风橱中取用，避免产生蒸气或气溶胶并远离火源。

保存时，需将容器密封，置于阴凉且干燥通风处。打开的容器必须在惰性气体保护下重新密封，并保持直立，以防止泄漏和吸潮。

2.4 急救及消防措施

2.4.1 急救

若发生吸入性损害，把患者移至通风环境中。如果患者不能呼吸，立即进行人工呼吸并咨询医生。

若接触皮肤，立即脱去被污染的衣物，并用肥皂和大量清水冲洗接触部位。

若不慎入眼，立即用大量清水冲洗眼睛，防止进一步损伤。

若发生误食吞服，立即让患者喝水（最多两杯），同时咨询医生。注意切勿给失去知觉的患者口服任何东西。

2.4.2 消防措施

如果产生明火并引发火灾，使用二氧化碳泡沫灭火器或干粉灭火器灭火。

甘油（glycerin）

1. 基本信息

化学式：$CH_2OHCHOHCH_2OH$　　摩尔质量：92.09 g/mol

CAS 编号：56-81-5　　性状：无色透明黏稠的油状液体

沸点：182℃（27 hPa）　　闪点：160℃（闭杯）

熔点：20℃　　气味：无味

密度：1.25 g/mL（25℃）　　别称：丙三醇

溶解性：与水和乙醇混溶，不溶于苯、三氯甲烷、四氯化碳、二硫化碳、石油醚、油类

2. 实验室安全性及使用规范

2.1 危险品标识

2.2 危险性评述

甘油为可燃物质。

甘油具有很强的吸湿性，纯净的甘油不宜直接接触皮肤。

2.3 安全使用说明

使用时在通风橱中取用，并远离火源。

保存时，需将容器密封，置于阴凉且干燥通风处。打开的容器必须重新密封，并保持直立，以防止泄漏和吸潮。

2.4 急救及消防措施

2.4.1 急救

若发生吸入性损害，把患者移至通风环境中。如果患者不能呼吸，立即进行人工呼吸并咨询医生。

若接触皮肤，用肥皂和大量清水冲洗接触部位。

若不慎入眼，立即用大量清水冲洗眼睛。

若发生误食吞服，用水漱口。注意切勿给失去知觉的患者口服任何东西。

2.4.2 消防措施

如果产生明火并引发火灾，使用水喷雾、耐乙醇泡沫、干粉或二氧化碳灭火器灭火。

苯酚（phenol）

1. 基本信息

化学式：C_6H_5OH 摩尔质量：94.11 g/mol

CAS 编号：108-95-2 性状：无色或白色晶体

沸点：181.8℃ 闪点：79℃（闭杯）

熔程：38 ～ 43℃ 气味：有特殊气味

密度：1.13 g/mL（25℃）

溶解性：微溶于冷水，在 65℃与水混溶。可混溶于乙醇、醚、三氯甲烷、甘油

2. 实验室安全性及使用规范

2.1 危险品标识

2.2 危险性评述

苯酚为强腐蚀性的有毒试剂。吞食、皮肤接触或吸入有毒，会导致严重的皮肤灼伤和眼睛损伤；可能会导致遗传缺陷。长时间或反复暴露接触可能会导致神经系统、肾脏、肝脏、皮肤损伤。对水生生物有长期毒性。

2.3 安全使用说明

避免吸入和接触皮肤、眼睛。

避免产生飞尘或气溶胶，在飞尘形成的地方保证适当的排气通风。

保存时，需将容器密封，避光并置于阴凉干燥处。打开的容器必须在惰性气体保护下重新密封，并冷藏于 2 ～ 8℃。

2.4 急救及消防措施

2.4.1 急救

若发生吸入性损害，把患者移至通风环境中。如果患者不能呼吸，立即进行人工呼吸并咨询医生。

若接触皮肤，立即脱去被污染的衣物，用肥皂和大量清水冲洗接触部位，并立即将患者送往医院。

若不慎入眼，立即用大量清水冲洗眼睛至少 15 min，防止进一步损伤。

若发生误食吞服，不要催吐，用大量清水漱口并咨询医生。注意切勿给失去知觉的患者口服任何东西。

2.4.2 消防措施

如果产生明火并引发火灾，使用水喷雾、耐乙醇泡沫、干粉或二氧化碳灭火器灭火。

三硝基苯酚（2,4,6-trinitrophenol）

1. 基本信息

化学式：$C_6H_3N_3O_7$　　摩尔质量：229.10 g/mol

CAS 编号：88-89-1　　性状：无色至黄色针状结晶

沸点：300℃（爆炸）　　闪点：150℃（闭杯）

熔点：121℃　　气味：有苦杏仁气味

密度：1.80 g/mL（20℃）　　别称：苦味酸

溶解性：难溶于四氯化碳，微溶于二硫化碳，溶于热水、乙醇、乙醚，易溶于丙酮、苯等有机溶剂

2. 实验室安全性及使用规范

2.1 危险品标识

2.2 危险性评述

三硝基苯酚为有毒的易燃试剂。吞食、皮肤接触或吸入有毒；会引起火灾、爆炸等危险。

2.3 安全使用说明

在通风橱中取用，避免吸入和接触皮肤、眼睛。使用中避免产生飞尘或气溶胶，并远离火源。

保存时，需将容器密封，远离火源和热源，避光并置于阴凉干燥处。打开的容器必须在惰性气体保护下重新密封，并保持湿润。保存在只有授权人员才能进入的地方。

2.4 急救及消防措施

2.4.1 急救

若发生吸入性损害，把患者移至通风环境中。如果患者不能呼吸，立即进行人工呼吸并咨询医生。

若接触皮肤，立即脱去被污染的衣物，并用肥皂和大量清水冲洗接触部位。

若不慎入眼，立即用大量清水冲洗眼睛，防止进一步损伤。

若发生误食吞服，立即让患者喝水（最多两杯），同时咨询医生。

2.4.2 消防措施

如果产生明火并引发火灾，使用水喷雾、干粉或二氧化碳灭火器灭火。

乙醛（acetaldehyde）

1. 基本信息

化学式：CH_3CHO　　摩尔质量：44.05 g/mol

CAS 编号：75-07-0　　性状：无色透明液体

沸点：21℃　　闪点：–38.89℃（闭杯）

熔点：–123.5℃　　气味：有刺激性气味

密度：0.78 g/mL（16℃）

溶解性：能跟水、乙醇、乙醚、三氯甲烷等互溶

2. 实验室安全性及使用规范

2.1 危险品标识

2.2 危险性评述

乙醛为有毒的极易燃试剂。入眼接触会引起严重的眼部刺激；吸入可能引起呼吸道刺激。禁止吞食，可能引起遗传缺陷及致癌。

2.3 安全使用说明

在通风橱中取用，避免吸入和接触皮肤、眼睛。使用中避免产生飞尘或气溶胶，并远离火源。

保存时，需将容器密封，远离火源和热源，并置于阴凉干燥处。打开的容器必须重新密封，保存在只有授权人员才能进入的地方。

2.4 急救及消防措施

2.4.1 急救

若发生吸入性损害，把患者移至通风环境中。如果患者不能呼吸，立即进行人工呼吸并咨询医生。

若接触皮肤，立即脱去被污染的衣物，并用肥皂和大量清水冲洗或淋洗接触部位。

若不慎入眼，立即用大量清水冲洗眼睛，防止进一步损伤。

若发生误食吞服，立即让患者喝水（最多两杯），同时咨询医生。

2.4.2 消防措施

如果产生明火并引发火灾，使用水喷雾、干粉或二氧化碳灭火器灭火。

苯甲醛（benzaldehyde）

1. 基本信息

化学式：C_6H_5CHO　　摩尔质量：106.12 g/mol

CAS 编号：100-52-7　　性状：无色至淡黄色液体

沸点：179℃　　闪点：63℃（闭杯）

熔点：–26℃　　气味：有苦杏仁气味

密度：1.045 g/mL（25℃）　　别称：安息香醛

溶解性：微溶于水，能与乙醇、乙醚、苯、三氯甲烷等混溶

2. 实验室安全性及使用规范

2.1 危险品标识

2.2 危险性评述

苯甲醛为有害试剂。空气中极易被氧化，生成苯甲酸。入眼接触会引起严重的眼部刺激；吞食有害，吸入可能引起呼吸道刺激。

2.3 安全使用说明

在通风橱中取用，避免吸入和接触皮肤、眼睛。使用中避免产生飞尘或气溶胶，并远离火源。

保存时，需将容器密封，远离火源和热源，避光并置于阴凉干燥处。打开的容器必须在氮气保护下重新密封。

2.4 急救及消防措施

2.4.1 急救

若发生吸入性损害，把患者移至通风环境中。如果患者不能呼吸，立即进行人工呼吸并咨询医生。

若接触皮肤，立即脱去被污染的衣物，并用肥皂和大量清水冲洗或淋洗接触部位。

若不慎入眼，立即用大量清水冲洗眼睛，防止进一步损伤。

若发生误食吞服，立即让患者喝水（最多两杯），同时咨询医生。

2.4.2 消防措施

如果产生明火并引发火灾，使用水喷雾、干粉或二氧化碳灭火器灭火。

丙酮（acetone）

1. 基本信息

化学式：CH_3COCH_3　　摩尔质量：58.08 g/mol

CAS编号：67-64-1　　性状：无色透明液体

沸点：56℃　　闪点：–17℃（闭杯）

熔点：–94℃　　气味：有刺激性气味

密度：0.791 g/mL（25℃）

溶解性：易溶于水和甲醇、乙醇、乙醚、三氯甲烷、吡啶等有机溶剂

2. 实验室安全性及使用规范

2.1 危险品标识

2.2 危险性评述

丙酮为易挥发、高易燃液体。入眼接触会引起严重的眼部刺激；可能导致嗜睡或头晕。本品属二类易制毒试剂，其使用根据《危险化学品安全管理条例》和《易制毒化学品管理条例》受公安部门管制。

2.3 安全使用说明

避免接触皮肤和眼睛，避免吸入蒸气或薄雾。使用时请远离火源。

保存时，需将容器密封，置于阴凉且干燥通风处。打开的容器必须重新仔细密封，并保持直立，以防止泄漏。

2.4 急救及消防措施

2.4.1 急救

若发生吸入性损害，把患者移至通风环境中。如果患者不能呼吸，立即进行人工呼吸并咨询医生。

若接触皮肤，立即用肥皂和大量清水冲洗接触部位。

若不慎入眼，立即用大量清水冲洗眼睛，防止进一步损伤。

若发生误食吞服，立即让患者喝水（最多两杯），同时咨询医生。

2.4.2 消防措施

如果产生明火并引发火灾，使用水喷雾、干粉或二氧化碳灭火器灭火。

甲酸（formic acid）

1. 基本信息

化学式：HCOOH　　摩尔质量：46.03 g/mol

CAS 编号：64-18-6　　性状：无色透明发烟液体

沸程：100 ～ 101℃　　闪点：49.5℃（闭杯）

熔程：8.2 ～ 8.4℃　　气味：有强烈刺激性气味

密度：1.22 g/mL（20℃）　　别称：蚁酸

溶解性：与水混溶，不溶于烃类，可混溶于乙醇、乙醚，溶于苯

2. 实验室安全性及使用规范

2.1 危险品标识

2.2 危险性评述

甲酸的蒸气与空气可形成爆炸性混合物，遇明火、高热能引起燃烧爆炸，可与强氧化剂发生反应。吞服有害，接触会引起严重的眼部损害和皮肤灼伤；吸入有毒。

2.3 安全使用说明

在通风橱中取用，避免吸入和接触皮肤、眼睛。使用中避免产生飞尘或气溶胶，并远离火源。

保存时，需将容器密封，置于阴凉且干燥通风处。打开的容器必须重新仔细密封，并保持直立，以防止泄漏，保存在只有授权人员才能进入的地方。

2.4 急救及消防措施

2.4.1 急救

若发生吸入性损害，把患者移至通风环境中。如果患者不能呼吸，立即进行人工呼吸并咨询医生。

若接触皮肤，迅速脱去被污染的衣物，立即用肥皂和大量清水冲洗接触部位。

若不慎入眼，立即用大量清水冲洗眼睛，防止进一步损伤。

若发生误食吞服，不要试图中和，立即让患者喝水（最多两杯）。避免催吐（有穿孔风险），避免患者吸入呕吐物发生肺衰竭。立即咨询医生。

2.4.2 消防措施

如果产生明火并引发火灾，使用水喷雾、干粉或二氧化碳灭火器灭火。

乙酸（acetic acid）

1. 基本信息

化学式：CH_3COOH　　摩尔质量：60.05 g/mol

CAS 编号：64-19-7　　性状：无色透明液体

沸程：117 ～ 118℃　　闪点：40℃（闭杯）

熔点：16.2℃　　气味：有刺鼻酸味

密度：1.049 g/mL（25℃）　　别称：醋酸

溶解性：能溶于水、乙醇、乙醚、四氯化碳及甘油等有机溶剂

2. 实验室安全性及使用规范

2.1 危险品标识

2.2 危险性评述

乙酸为易挥发、可燃性液体。纯的无水乙酸（冰醋酸）是无色的吸湿性固体。接触会引起严重的眼部损害和皮肤灼伤。

2.3 安全使用说明

避免吸入蒸气和薄雾，避免接触皮肤、眼睛，并远离火源。

保存时，需将容器密封，冷藏或置于阴凉且干燥通风处。打开的容器必须重新仔细密封，并保持直立，以防止泄漏。

2.4 急救及消防措施

2.4.1 急救

若发生吸入性损害，把患者移至通风环境中。如果患者不能呼吸，立即进行人工呼吸并咨询医生。

若接触皮肤，迅速脱去被污染的衣物，立即用肥皂和大量清水冲洗接触部位。

若不慎入眼，立即用大量清水彻底冲洗眼睛至少 15 min，防止进一步损伤。

若发生误食吞服，立即用大量清水漱口。避免催吐并立即咨询医生。注意切勿给失去知觉的患者口服任何东西。

2.4.2 消防措施

如果产生明火并引发火灾，使用干粉灭火器或干砂扑灭。

乙二酸（oxalic acid）

1. 基本信息

化学式：HOOCCOOH　　摩尔质量：90.03 g/mol

CAS 编号：144-62-7　　性状：无色单斜片状固体

沸点：157℃　　闪点：166℃（闭杯）

熔点：189.5℃　　气味：无味

密度：1.90 g/mL（25℃）　　别称：草酸

溶解性：易溶于乙醇，可溶于水，微溶于乙醚，不溶于苯和三氯甲烷

2. 实验室安全性及使用规范

2.1 危险品标识

2.2 危险性评述

乙二酸为腐蚀性有害试剂。吞食和皮肤接触有害，会引起严重的眼部损伤。

2.3 安全使用说明

避免形成飞尘或气溶胶，在飞尘形成的地方提供适当的排气通风。

避免接触皮肤、眼睛，并远离火源。

保存时，需将容器密封，置于阴凉且干燥通风处。打开的容器必须重新仔细密封，并保持直立，以防止泄漏和吸潮。

2.4 急救及消防措施

2.4.1 急救

若发生吸入性损害，把患者移至通风环境中。如果患者不能呼吸，立即进行人工呼吸并咨询医生。

若接触皮肤，迅速脱去被污染的衣物，立即用肥皂和大量清水冲洗接触部位，并咨询医生。

若不慎入眼，立即用大量清水彻底冲洗眼睛至少 15 min，防止进一步损伤，并咨询医生。

若发生误食吞服，立即用大量清水漱口，并立即咨询医生。注意切勿给失去知觉的患者口服任何东西。

2.4.2 消防措施

如果产生明火并引发火灾，使用水喷雾、耐酒精泡沫、干粉或二氧化碳灭火器灭火。

苯甲酸（benzoic acid）

1. 基本信息

化学式：C_6H_5COOH　　摩尔质量：122.12 g/mol

CAS 编号：65-85-0　　性状：白色针状或鳞片状晶体

沸点：249℃　　闪点：121℃（闭杯）

熔程：121 ～ 125℃　　气味：无味

密度：1.26 g/mL（15℃）　　别称：安息香酸

溶解性：微溶于冷水、己烷，溶于热水、乙醇、乙醚、三氯甲烷、苯、二硫化碳和松节油等

2. 实验室安全性及使用规范

2.1 危险品标识

2.2 危险性评述

苯甲酸为腐蚀性有害试剂。接触会引起皮肤刺激，造成严重的眼部损伤；长时间吸入或反复接触会造成器官（肺）损伤。

2.3 安全使用说明

在通风橱中取用，避免吸入和接触皮肤、眼睛。

保存时，需将容器密封，置于阴凉且干燥通风处。打开的容器必须重新仔细密封，并保持直立，以防止泄漏，保存在只有授权人员才能进入的地方。

2.4 急救及消防措施

2.4.1 急救

若发生吸入性损害，把患者移至通风环境中。如果患者不能呼吸，立即进行人工呼吸并咨询医生。

若接触皮肤，立即用肥皂和大量清水冲洗接触部位，并咨询医生。

若不慎入眼，立即用大量清水彻底冲洗眼睛至少 15 min，防止进一步损伤，并咨询医生。

若发生误食吞服，立即让患者喝水（最多两杯），并立即咨询医生。

2.4.2 消防措施

如果产生明火并引发火灾，使用水喷雾、干粉或二氧化碳灭火器灭火。

乙酸酐（acetic anhydride）

1. 基本信息

化学式：$C_4H_6O_3$　　摩尔质量：102.09 g/mol

CAS 编号：108-24-7　　性状：无色透明液体

沸程：138 ～ 140℃　　闪点：49℃（闭杯）

熔点：–73℃　　气味：有强烈刺激性气味

密度：1.08 g/mL　　别称：醋酸酐

溶解性：溶于三氯甲烷和乙醚，缓慢地溶于水形成乙酸

2. 实验室安全性及使用规范

2.1 危险品标识

2.2 危险性评述

乙酸酐易燃，其蒸气与空气可形成爆炸性混合物，遇明火、高热能引起燃烧爆炸，与强氧化剂接触可发生化学反应，有吸湿性。吞服或吸入有害，接触会造成严重的皮肤灼伤和眼睛损害。本品属二类易制毒试剂，其使用根据《危险化学品安全管理条例》和《易制毒化学品管理条例》受公安部门管制。

2.3 安全使用说明

在通风橱中取用，避免吸入和接触皮肤、眼睛，避免产生蒸气和气溶胶。远离火源。

保存时，需将容器密封，置于阴凉且干燥通风处。打开的容器必须重新仔细密封，并保持直立，以防止泄漏和吸潮。

2.4 急救及消防措施

2.4.1 急救

若发生吸入性损害，把患者移至通风环境中。如果患者不能呼吸，立即进行人工呼吸并咨询医生。

若接触皮肤，立即用肥皂和大量清水冲洗接触部位，并咨询医生。

若不慎入眼，立即用大量清水彻底冲洗眼睛至少 15 min，防止进一步损伤，并咨询医生。

若发生误食吞服，不要试图中和，立即让患者喝水（最多两杯）并联系医生。避免催吐（有穿孔风险）。

2.4.2 消防措施

如果产生明火并引发火灾，使用水喷雾、干粉或二氧化碳灭火器灭火。

酒石酸（tartaric acid）

1. 基本信息

化学式：$C_4H_6O_6$　　摩尔质量：150.09 g/mol

CAS 编号：133-37-9　　性状：白色结晶性粉末

沸点：275℃　　闪点：210℃（闭杯）

熔程：210 ～ 212℃　　气味：无味

密度：1.79 g/mL

溶解性：溶于水和乙醇，微溶于乙醚

2. 实验室安全性及使用规范

2.1 危险品标识

2.2 危险性评述

酒石酸为腐蚀性的酸性试剂，可用作抗氧化剂。会造成严重的眼睛损害。

2.3 安全使用说明

避免形成飞尘或气溶胶，在飞尘形成的地方提供适当的排气通风。

保存时，需将容器密封，冷藏或置于阴凉且干燥通风处。

2.4 急救及消防措施

2.4.1 急救

若发生吸入性损害，把患者移至通风环境中。如果患者不能呼吸，立即进行人工呼吸并咨询医生。

若接触皮肤，立即用肥皂和大量清水冲洗接触部位，并咨询医生。

若不慎入眼，立即用大量清水彻底冲洗眼睛至少 15 min，防止进一步损伤，并咨询医生。

若发生误食吞服，立即用大量清水漱口，并咨询医生。

2.4.2 消防措施

如果产生明火并引发火灾，使用水喷雾、耐酒精泡沫、干粉或二氧化碳灭火器灭火。

水杨酸（salicylic acid）

1. 基本信息

化学式：$C_7H_6O_3$　　摩尔质量：138.12 g/mol

CAS 编号：69-72-7　　性状：白色结晶性粉末

沸点：211℃　　闪点：157℃（闭杯）

熔程：158 ～ 161℃　　气味：无味

密度：1.44 g/mL（20℃）

溶解性：易溶于乙醇、乙醚、三氯甲烷，微溶于水，在沸水中溶解

2. 实验室安全性及使用规范

2.1 危险品标识

2.2 危险性评述

水杨酸为腐蚀性有害试剂。常温下稳定，急剧加热分解为苯酚和二氧化碳。吞食有害；接触会刺激皮肤，造成严重的眼部损伤；可能影响胎儿发育。

2.3 安全使用说明

在通风橱中取用，避免吸入和接触皮肤、眼睛。避免形成飞尘或气溶胶，在飞尘形成的地方提供适当的排气通风。

保存时，需将容器密封，置于阴凉且干燥通风处。打开的容器必须重新仔细密封，并保持直立，以防止泄漏。

2.4 急救及消防措施

2.4.1 急救

若发生吸入性损害，把患者移至通风环境中。如果患者不能呼吸，立即进行人工呼吸并咨询医生。

若接触皮肤，立即用肥皂和大量清水冲洗接触部位，并咨询医生。

若不慎入眼，立即用大量清水彻底冲洗眼睛至少 15 min，防止进一步损伤，并咨询医生。

若发生误食吞服，立即用清水漱口，并咨询医生。注意切勿给失去知觉的患者口服任何东西。

2.4.2 消防措施

如果产生明火并引发火灾，使用水喷雾、干粉或二氧化碳灭火器灭火。

乙酸乙酯（ethyl acetate）

1. 基本信息

化学式：$CH_3CO_2C_2H_5$　　摩尔质量：88.11 g/mol

CAS 编号：141-78-6　　性状：无色透明液体

沸程：76.5 ～ 77.5℃　　闪点：–4℃（闭杯）

熔点：–84℃　　气味：有微带果香的酒香气味

密度：0.902 g/mL

溶解性：微溶于水，溶于醇、酮、醚、三氯甲烷等多数有机溶剂

2. 实验室安全性及使用规范

2.1 危险品标识

2.2 危险性评述

乙酸乙酯为高易燃试剂。造成严重的眼部刺激；可能导致嗜睡或头晕。

2.3 安全使用说明

避免形成蒸气或气溶胶，远离火源。

保存时，需将容器密封，置于阴凉且干燥通风处。打开的容器必须重新仔细密封，并保持直立，以防止泄漏。

2.4 急救及消防措施

2.4.1 急救

若发生吸入性损害，把患者移至通风环境中。如果患者不能呼吸，立即进行人工呼吸并咨询医生。

若接触皮肤，立即用肥皂和大量清水冲洗接触部位，并咨询医生。

若不慎入眼，立即用大量清水彻底冲洗眼睛，并咨询医生。

若发生误食吞服，立即让患者喝水（最多两杯）并联系医生。

2.4.2 消防措施

如果产生明火并引发火灾，使用干粉或二氧化碳泡沫灭火器灭火。

二甲胺（dimethylamine）

1. 基本信息

化学式：C_2H_7N　　摩尔质量：45.08 g/mol

CAS 编号：124-40-3　　性状：无色气体

沸点：7℃　　闪点：–6.69℃（闭杯）

熔点：–93℃　　气味：有类似烂鱼气味

密度：0.68 g/mL（20℃）

溶解性：易溶于水，溶于乙醇、乙醚

2. 实验室安全性及使用规范

2.1 危险品标识

2.2 危险性评述

二甲胺为极易燃气体，加热可能爆炸。接触会造成严重的眼部损伤和皮肤刺激；吸入有害，可能引起呼吸道刺激。对水生生物有害，影响持久。

2.3 安全使用说明

避免接触皮肤和眼睛，避免吸入蒸气或薄雾。远离火源。

保存时，需将容器加压密封，冷藏或置于阴凉且干燥通风处。

2.4 急救及消防措施

2.4.1 急救

若发生吸入性损害，把患者移至通风环境中。如果患者不能呼吸，立即进行人工呼吸并咨询医生。

若接触皮肤，立即用肥皂和大量清水冲洗接触部位，并咨询医生。

若不慎入眼，立即用大量清水彻底冲洗眼睛至少 15 min，并咨询医生。

若发生误食吞服，切勿催吐，立即用大量清水漱口，并联系医生。注意切勿给失去知觉的患者口服任何东西。

2.4.2 消防措施

如果产生明火并引发火灾，使用水喷雾、耐乙醇泡沫、干粉或二氧化碳灭火器灭火。

α-苯乙胺（*α*-methylbenzylamine）

1. 基本信息

化学式：$C_8H_{11}N$　　摩尔质量：121.18 g/mol

CAS 编号：618-36-0　　性状：无色透明液体

沸点：185℃　　闪点：70℃（闭杯）

熔点：–10℃　　气味：有刺激性气味

密度：0.94 g/mL（25℃）

溶解性：不溶于水，易溶于有机溶剂

2. 实验室安全性及使用规范

2.1 危险品标识

2.2 危险性评述

α-苯乙胺为腐蚀性有害试剂。吞服或皮肤接触有害；会造成严重的皮肤灼伤和眼睛损害。

2.3 安全使用说明

避免接触皮肤和眼睛，避免吸入蒸气或薄雾。远离火源。

保存时，需将容器密封，置于阴凉且干燥通风处。打开的容器必须重新仔细密封，并保持直立，以防止泄漏。

2.4 急救及消防措施

2.4.1 急救

若发生吸入性损害，把患者移至通风环境中。如果患者不能呼吸，立即进行人工呼吸并咨询医生。

若接触皮肤，立即用肥皂和大量清水冲洗接触部位，并咨询医生。

若不慎入眼，立即用大量清水彻底冲洗眼睛至少 15 min，并咨询医生。

若发生误食吞服，切勿催吐，立即用大量清水漱口，并联系医生。注意切勿给失去知觉的患者口服任何东西。

2.4.2 消防措施

如果产生明火并引发火灾，使用水喷雾、耐乙醇泡沫、干粉或二氧化碳灭火器灭火。

N,N-二甲基苯胺（*N,N*-dimethylaniline）

1. 基本信息

化学式：$C_8H_{11}N$

摩尔质量：121.18 g/mol

CAS 编号：121-69-7

性状：淡黄色油状液体

沸程：193 ～ 194℃

闪点：75℃（闭杯）

熔程：1.5 ～ 2.5℃

气味：有刺激性臭味

密度：0.956 g/mL（25℃）

溶解性：溶于乙醇、乙醚、三氯甲烷、苯等多种有机溶剂，微溶于水

2. 实验室安全性及使用规范

2.1 危险品标识

2.2 危险性评述

N,N-二甲基苯胺为高毒有害试剂。可燃，遇明火会燃烧，蒸气与空气形成爆炸性混合物。吞服、吸入或皮肤接触有毒；可能会造成癌症。

2.3 安全使用说明

在通风橱中取用试剂，避免形成蒸气或薄雾，切勿吸入试剂及其混合物。注意远离火源。

保存时，需将容器密封，置于阴凉且干燥通风处。打开的容器必须重新仔细密封，并保持直立，以防止泄漏，保存在只有授权人员才能进入的地方。

2.4 急救及消防措施

2.4.1 急救

若发生吸入性损害，把患者移至通风环境中。如果患者不能呼吸，立即进行人工呼吸并咨询医生。

若接触皮肤，迅速去除所有被污染的衣物，立即用肥皂和大量清水冲洗或淋洗接触部位，并咨询医生。

若不慎入眼，立即用大量清水彻底冲洗眼睛至少 15 min，并咨询医生。

若发生误食吞服，立即让患者喝水（最多两杯）并联系医生。注意只有在特殊情况下，若患者在 1 小时内无法得到医疗护理，允许使用活性炭混悬液（20 ～ 40 g 配制的 10% 水混悬液）催吐（仅适用于完全清醒的人）。

2.4.2 消防措施

如果产生明火并引发火灾，使用干粉或二氧化碳灭火器灭火。

吡啶（pyridine）

1. 基本信息

化学式：C_5H_5N
摩尔质量：79.10 g/mol
CAS 编号：110-86-1
性状：无色或微黄色液体
沸程：115℃
闪点：17℃（闭杯）
熔点：–42℃
气味：有恶臭味
密度：0.978 g/mL（25℃）
溶解性：溶于水和醇、醚等多数有机溶剂

2. 实验室安全性及使用规范

2.1 危险品标识

2.2 危险性评述

吡啶为高易燃有害试剂。吞服、吸入或皮肤接触有害；会造成皮肤刺激和严重的眼睛刺激。

2.3 安全使用说明

避免接触皮肤和眼睛，避免吸入蒸气或薄雾。注意远离火源。

保存时，需将容器密封，冷藏或置于阴凉且干燥通风处。打开的容器必须重新仔细密封，并保持直立，以防止泄漏。

2.4 急救及消防措施

2.4.1 急救

若发生吸入性损害，把患者移至通风环境中。如果患者不能呼吸，立即进行人工呼吸并咨询医生。

若接触皮肤，立即用肥皂和大量清水冲洗或淋洗接触部位，并咨询医生。

若不慎入眼，立即用大量清水彻底冲洗眼睛至少 15 min，并咨询医生。

若发生误食吞服，切勿催吐，立即用大量清水漱口并联系医生。注意切勿给失去知觉的患者口服任何东西。

2.4.2 消防措施

如果产生明火并引发火灾，使用水喷雾、耐乙醇泡沫、干粉或二氧化碳灭火器灭火。

哌啶（piperidine）

1. 基本信息

化学式：$C_5H_{11}N$

摩尔质量：85.15 g/mol

CAS 编号：110-89-4

性状：无色透明液体

沸程：106℃

闪点：16℃（闭杯）

熔点：–13℃

气味：有类似胡椒的气味

密度：0.862 g/mL（20℃）

溶解性：溶于水、乙醇、乙醚

2. 实验室安全性及使用规范

2.1 危险品标识

2.2 危险性评述

哌啶为高易燃有毒试剂。吞服有害，吸入或皮肤接触有毒；会造成严重的皮肤灼伤和眼睛损害。本品属二类易制毒试剂，其使用根据《危险化学品安全管理条例》和《易制毒化学品管理条例》受公安部门管制。

2.3 安全使用说明

在通风橱中取用，避免吸入和接触皮肤、眼睛。避免形成飞尘或气溶胶，在飞尘形成的地方提供适当的排气通风。远离火源。

保存时，需将容器密封，置于阴凉且干燥通风处。打开的容器必须重新仔细密封，并保持直立，以防止泄漏，保存在只有授权人员才能进入的地方。

2.4 急救及消防措施

2.4.1 急救

若发生吸入性损害，把患者移至通风环境中。如果患者不能呼吸，立即进行人工呼吸并咨询医生。

若接触皮肤，立即除去所有被污染的衣物，用肥皂和大量清水冲洗或淋洗接触部位，并咨询医生。

若不慎入眼，立即用大量清水彻底冲洗眼睛，并咨询医生。

若发生误食吞服，不要试图中和，立即让患者喝水（最多两杯）并联系医生。避免催吐（有穿孔风险），同时避免患者吸入呕吐物引发肺衰竭。

2.4.2 消防措施

如果产生明火并引发火灾，使用二氧化碳干粉或泡沫灭火器灭火。

吡咯（pyrrole）

1. 基本信息

化学式：C_4H_5N

摩尔质量：67.09 g/mol

CAS 编号：109-97-7

性状：无色至略黄色液体

沸点：131℃

闪点：36℃（闭杯）

熔点：–23℃

气味：有果仁和酯类的甜果味

密度：0.967 g/mL（25℃）

溶解性：溶于乙醇、乙醚、苯、稀酸和大多数非挥发性油，不溶于稀碱

2. 实验室安全性及使用规范

2.1 危险品标识

2.2 危险性评述

吡咯为易燃有毒试剂。吞服有毒，吸入有害；会造成严重的眼睛损伤。

2.3 安全使用说明

避免接触皮肤和眼睛，避免吸入蒸气或薄雾。注意远离火源。

保存时，需将容器密封，冷藏或置于阴凉且干燥通风处。打开的容器必须重新在惰性气体下仔细密封，并保持直立，以防止泄漏和吸潮，注意避光和隔绝空气。

2.4 急救及消防措施

2.4.1 急救

若发生吸入性损害，把患者移至通风环境中。如果患者不能呼吸，立即进行人工呼吸并咨询医生。

若接触皮肤，立即用肥皂和大量清水冲洗或淋洗接触部位，并将患者送往医院。

若不慎入眼，立即用大量清水彻底冲洗眼睛至少 15 min，并咨询医生。

若发生误食吞服，切勿催吐，立即用大量清水漱口并联系医生。注意切勿给失去知觉的患者口服任何东西。

2.4.2 消防措施

如果产生明火并引发火灾，使用水喷雾、耐乙醇泡沫、干粉或二氧化碳灭火器灭火。

喹啉（quinoline）

1. 基本信息

化学式：C_9H_7N　　摩尔质量：129.16 g/mol

CAS 编号：91-22-5　　性状：无色透明液体

沸点：237℃　　闪点：107℃（闭杯）

熔点：–15℃　　气味：有类似茴香油和苯甲醚气味

密度：1.093 g/mL（25℃）

溶解性：能与醇、醚及二硫化碳混溶，易溶于热水，难溶于冷水

2. 实验室安全性及使用规范

2.1 危险品标识

2.2 危险性评述

喹啉为剧毒有害试剂。吞服有毒，皮肤接触有害；会造成严重的眼睛刺激和皮肤刺激；有可能会造成基因损伤，导致癌症。对水生生物有毒，影响持久。

2.3 安全使用说明

避免接触皮肤和眼睛，避免吸入蒸气或薄雾。在使用前获得批准方可取用。

保存时，需将容器密封，冷藏或置于阴凉且干燥通风处。打开的容器必须重新在惰性气体下仔细密封，并保持直立，以防止泄漏。

2.4 急救及消防措施

2.4.1 急救

若发生吸入性损害，把患者移至通风环境中。如果患者不能呼吸，立即进行人工呼吸并咨询医生。

若接触皮肤，立即用肥皂和大量清水冲洗或淋洗接触部位，并将患者送往医院。

若不慎入眼，立即用大量清水彻底冲洗眼睛至少 15 min，并咨询医生。

若发生误食吞服，切勿催吐，立即用大量清水漱口并联系医生。注意切勿给失去知觉的患者口服任何东西。

2.4.2 消防措施

如果产生明火并引发火灾，使用水喷雾、耐酒精泡沫、干粉或二氧化碳灭火器灭火。

乙酰胺（acetamide）

1. 基本信息

化学式：C_2H_5NO

摩尔质量：59.07 g/mol

CAS 编号：60-35-5

性状：无色、透明、针状结晶体

沸点：221℃

闪点：154.4℃（闭杯）

熔程：78 ～ 80℃

气味：有老鼠分泌物般的气味

密度：1.159 g/mL

溶解性：溶于水、乙醇，微溶于乙醚

2. 实验室安全性及使用规范

2.1 危险品标识

2.2 危险性评述

乙酰胺为有害试剂，有可能导致癌症。

2.3 安全使用说明

避免吸入和接触皮肤、眼睛。避免形成飞尘或气溶胶，在飞尘形成的地方提供适当的排气通风。

保存时，需将容器密封，冷藏或置于阴凉且干燥通风处。打开的容器必须重新仔细密封，并保持直立，以防止泄漏和潮解。

2.4 急救及消防措施

2.4.1 急救

若发生吸入性损害，把患者移至通风环境中。如果患者不能呼吸，立即进行人工呼吸并咨询医生。

若接触皮肤，立即用肥皂和大量清水冲洗接触部位。

若不慎入眼，立即用大量清水彻底冲洗眼睛至少 15 min，并咨询医生。

若发生误食吞服，切勿催吐，立即用大量清水漱口并联系医生。注意切勿给失去知觉的患者口服任何东西。

2.4.2 消防措施

如果产生明火并引发火灾，使用水喷雾、耐乙醇泡沫、干粉或二氧化碳灭火器灭火。

尿素（urea）

1. 基本信息

化学式：CH_4N_2O　　摩尔质量：60.06 g/mol

CAS 编号：57-13-6　　性状：无色或白色针状或棒状结晶体

沸点：196.6℃　　闪点：72.7℃（闭杯）

熔程：132 ～ 135℃　　气味：无味

密度：1.335 g/mL（25℃）

溶解性：溶于水、甲醇、甲醛、乙醇、液氨，微溶于乙醚、三氯甲烷、苯

2. 实验室安全性及使用规范

2.1 危险品标识

2.2 危险性评述

尿素无害无毒，易吸潮。高浓度尿素溶液会对皮肤产生刺激。

2.3 安全使用说明

避免吸入和接触皮肤、眼睛。避免形成飞尘或气溶胶，在飞尘形成的地方提供适当的排气通风。

保存时，需将容器密封，冷藏或置于阴凉且干燥通风处。打开的容器必须重新仔细密封，并保持直立，以防止泄漏和潮解。

2.4 急救及消防措施

2.4.1 急救

若发生吸入性损害，把患者移至通风环境中。如果患者不能呼吸，立即进行人工呼吸并咨询医生。

若接触皮肤，立即用肥皂和大量清水冲洗接触部位。

若不慎入眼，立即用大量清水彻底冲洗眼睛，并咨询医生。

若发生误食吞服，立即让患者喝水（最多两杯）并联系医生。

2.4.2 消防措施

如果产生明火并引发火灾，使用水泡沫、干粉或二氧化碳灭火器灭火。

谷氨酸（glutamic acid）

1. 基本信息

化学式：$C_5H_9NO_4$　　摩尔质量：147.13 g/mol

CAS 编号：6893-26-1　　性状：无色结晶体

沸点：333.8℃　　闪点：155.7℃（闭杯）

熔程：200 ～ 202℃　　气味：有鲜味

密度：1.538 g/mL（25℃）

溶解性：微溶于冷水，易溶于热水，几乎不溶于乙醚、丙酮中，也不溶于乙醇和甲醇

2. 实验室安全性及使用规范

2.1 危险品标识

2.2 危险性评述

谷氨酸无害无毒。高浓度溶液会对皮肤产生刺激。

2.3 安全使用说明

避免吸入和接触皮肤、眼睛。避免形成飞尘或气溶胶，在飞尘形成的地方提供适当的排气通风。

保存时，需将容器密封，冷藏或置于阴凉且干燥通风处。打开的容器必须重新仔细密封，并保持直立，以防止泄漏和潮解。

2.4 急救及消防措施

2.4.1 急救

若发生吸入性损害，把患者移至通风环境中。如果患者不能呼吸，立即进行人工呼吸并咨询医生。

若接触皮肤，立即用肥皂和大量清水冲洗接触部位。

若不慎入眼，立即用大量清水彻底冲洗眼睛，并咨询医生。

若发生误食吞服，立即让患者喝水（最多两杯）并联系医生。

2.4.2 消防措施

如果产生明火并引发火灾，使用水泡沫、干粉或二氧化碳灭火器灭火。

茚三酮（ninhydrin）

1. 基本信息

化学式：$C_9H_6O_4$

摩尔质量：178.14 g/mol

CAS 编号：485-47-2

性状：白色至淡黄色结晶粉末

沸点：449℃

闪点：239.7℃（闭杯）

熔点：250℃

气味：无味

密度：1.71 g/mL

溶解性：微溶于乙醚及三氯甲烷

2. 实验室安全性及使用规范

2.1 危险品标识

2.2 危险性评述

茚三酮为有害试剂，常用于蛋白质染色。吞食有害，会造成皮肤刺激和严重的眼睛刺激。

2.3 安全使用说明

避免吸入和接触皮肤、眼睛。避免形成飞尘或气溶胶，在飞尘形成的地方提供适当的排气通风。

保存时，需将容器密封，置于阴凉且干燥通风处。打开的容器必须重新仔细密封，并保持直立，以防止泄漏。

2.4 急救及消防措施

2.4.1 急救

若发生吸入性损害，把患者移至通风环境中。如果患者不能呼吸，立即进行人工呼吸并咨询医生。

若接触皮肤，立即用肥皂和大量清水冲洗接触部位。

若不慎入眼，立即用大量清水彻底冲洗眼睛，并咨询医生。

若发生误食吞服，立即用大量清水漱口并联系医生。注意切勿给失去知觉的患者口服任何东西。

2.4.2 消防措施

如果产生明火并引发火灾，使用水喷雾、耐乙醇泡沫、干粉或二氧化碳灭火器灭火。

缩二脲（biuret）

1. 基本信息

化学式：$C_2H_5N_3O_2$　　摩尔质量：103.08 g/mol

CAS 编号：108-19-0　　性状：白色长片形结晶

沸点：100℃　　闪点：170.4℃

熔程：188 ～ 192℃（分解）　　气味：无味

密度：1.467 g/mL

溶解性：易溶于水、乙醇，微溶于乙醚

2. 实验室安全性及使用规范

2.1 危险品标识

2.2 危险性评述

缩二脲有吸湿性，接触会造成皮肤灼伤或眼睛损害。

2.3 安全使用说明

避免吸入和接触皮肤、眼睛。避免形成飞尘或气溶胶，在飞尘形成的地方提供适当的排气通风。

保存时，需将容器密封，置于阴凉且干燥通风处。打开的容器必须重新仔细密封，并保持直立，以防止泄漏。

2.4 急救及消防措施

2.4.1 急救

若发生吸入性损害，把患者移至通风环境中。如果患者不能呼吸，立即进行人工呼吸并咨询医生。

若接触皮肤，立即用肥皂和大量清水冲洗接触部位。

若不慎入眼，立即用大量清水彻底冲洗眼睛，并咨询医生。

若发生误食吞服，立即用大量清水漱口并联系医生。注意切勿给失去知觉的患者口服任何东西。

2.4.2 消防措施

如果产生明火并引发火灾，使用水泡沫、干粉或二氧化碳灭火器灭火。

蔗糖（sucrose）

1. 基本信息

化学式：$C_{12}H_{22}O_{11}$　　摩尔质量：342.30 g/mol

CAS 编号：57-50-1　　性状：白色晶体或粉末

沸点：697.11℃　　闪点：375.4℃

熔程：185 ～ 187℃　　气味：无味

密度：1.59 g/mL（25℃）

溶解性：易溶于水和甘油，微溶于醇

2. 实验室安全性及使用规范

2.1 危险品标识

2.2 危险性评述

蔗糖无毒，可燃，可作为食品添加剂。

2.3 安全使用说明

避免形成飞尘或气溶胶。远离火源。

保存时，需将容器密封，置于阴凉且干燥通风处。打开的容器必须重新仔细密封，并保持直立，以防止潮解。

2.4 消防措施

如果产生明火并引发火灾，使用水喷雾、耐乙醇泡沫、干粉或二氧化碳灭火器灭火。

淀粉（starch）

1. 基本信息

化学式：$(C_6H_{10}O_5)_n$　　性状：白色粉末

CAS 编号：9005-25-8　　闪点：410℃

沸点：667.9℃　　气味：无味

熔程：256 ～ 258℃（分解）　　密度：1.8 g/mL

溶解性：易溶于水和甘油，微溶醇

2. 实验室安全性及使用规范

2.1 危险品标识

2.2 危险性评述

淀粉无毒，可燃，可作为食品添加剂。

2.3 安全使用说明

避免形成飞尘或气溶胶。避免静电，远离火源。

保存时，需将容器密封，置于阴凉且干燥通风处。打开的容器必须重新仔细密封，并保持直立，以防止潮解。

2.4 消防措施

如果产生明火并引发火灾，使用水泡沫、干粉或二氧化碳灭火器灭火。

果糖（fructose）

1. 基本信息

化学式：$C_6H_{12}O_6$　　摩尔质量：180.16 g/mol

CAS 编号：57-48-7　　性状：无色晶体

沸程：401℃　　闪点：196.4℃

熔程：100 ～ 110℃　　气味：无味

密度：1.758 g/mL（25℃）

溶解性：易溶于水、乙醇和乙醚

2. 实验室安全性及使用规范

2.1 危险品标识

2.2 危险性评述

果糖无毒，可燃，可作为食品添加剂。

2.3 安全使用说明

避免形成飞尘或气溶胶。远离火源。

保存时，需将容器密封，置于阴凉且干燥通风处。打开的容器必须重新仔细密封，并保持直立，以防止潮解。

2.4 消防措施

如果产生明火并引发火灾，使用水喷雾、耐乙醇泡沫、干粉或二氧化碳灭火器灭火。

酒石酸钾钠（potassium sodium tartrate tetrahydrate）

1. 基本信息

化学式：$NaKC_4H_4O_6 \cdot 4H_2O$　　摩尔质量：282.22 g/mol

CAS 编号：6381-59-5　　性状：无色至蓝白色正交晶系晶体

沸点：220℃（分解）　　闪点：无

熔点：75℃　　气味：无味

密度：1.79 g/mL　　别称：罗谢尔盐

溶解性：可溶于水，微溶于醇

2. 实验室安全性及使用规范

2.1 危险品标识

2.2 危险性评述

酒石酸钾钠盐无毒，可燃。

2.3 安全使用说明

避免形成飞尘或气溶胶。远离火源。

保存时，需将容器密封，置于阴凉且干燥通风处。打开的容器必须重新仔细密封，并保持直立，以防止潮解。

2.4 急救及消防措施

2.4.1 急救

若发生吸入性损害，把患者移至通风环境中。

若接触皮肤，立即用肥皂和大量清水冲洗接触部位。

若不慎入眼，立即用大量清水彻底冲洗眼睛，并咨询医生。

若发生误食吞服，立即用大量清水漱口。如感觉不适，立即联系医生。

2.4.2 消防措施

如果产生明火并引发火灾，使用水喷雾、耐乙醇泡沫、干粉或二氧化碳灭火器灭火。

乙酸铵（ammonium acetate）

1. 基本信息

化学式：CH_3COONH_4　　摩尔质量：77.08 g/mol

CAS 编号：631-61-8　　性状：白色三角晶体

沸点：无，分解温度低于沸点　　闪点：无

熔程：110 ～ 112℃　　气味：有乙酸气味

密度：1.17 g/mL　　别称：醋酸铵

溶解性：溶于水和乙醇，不溶于丙酮

2. 实验室安全性及使用规范

2.1 危险品标识

2.2 危险性评述

乙酸铵无毒，易吸收空气中水分而潮解。

接触会造成皮肤刺激；吸入可能引起呼吸道刺激。

2.3 安全使用说明

在通风橱中取用试剂，避免形成飞尘，避免接触皮肤和眼睛。

保存时，需将容器密封，置于阴凉且干燥通风处。打开的容器必须重新仔细密封，并保持直立，以防止潮解。

2.4 急救及消防措施

2.4.1 急救

若发生吸入性损害，把患者移至通风环境中，并咨询医生。

若接触皮肤，立即脱去被污染的衣物，用大量清水冲洗或淋洗接触部位。

若不慎入眼，立即用大量清水彻底冲洗眼睛，并咨询医生。

若发生误食吞服，立即让患者喝水（最多两杯）并咨询医生。

2.4.2 消防措施

如果产生明火并引发火灾，使用水泡沫、干粉或二氧化碳灭火器灭火。

鲁氏碘液（Lugol's iodine solution）

1. 基本信息

化学式：I_2-IK

CAS 编号：12298-68-9	性状：紫黑色溶液
沸点：无	闪点：无
熔点：无	气味：有碘类气味
密度：1.007 g/mL（20℃）	别称：鲁氏碘液

溶解性：溶于水、甲醇，不溶于乙醇

2. 实验室安全性及使用规范

2.1 危险品标识

2.2 危险性评述

鲁氏碘液常用于蛋白质、淀粉等物质染色。吞服、吸入及皮肤接触有害。

2.3 安全使用说明

避免接触皮肤和眼睛。避免吸入蒸气或气溶胶。

保存时，需将容器密封，避光置于阴凉且干燥通风处。打开的容器必须在惰性气体保护下重新仔细密封，并保持直立，以防止泄漏。

2.4 急救及消防措施

2.4.1 急救

若发生吸入性损害，把患者移至通风环境中。如果患者不能呼吸，立即进行人工呼吸并咨询医生。

若接触皮肤，立即用肥皂和大量清水冲洗接触部位。

若不慎入眼，立即用大量清水冲洗眼睛至少 15 min，防止进一步损伤。

若发生误食吞服，立即用清水漱口，并咨询医生。

2.4.2 消防措施

如果产生明火并引发火灾，使用水喷雾、耐乙醇泡沫、干粉或二氧化碳灭火器灭火。

水合酒石酸铜（copper(Ⅱ) tartrate hydrate）

1. 基本信息

化学式：$C_4H_4CuO_6 \cdot H_2O$

摩尔质量：229.63 g/mol

CAS 编号：946843-80-7

性状：绿色至蓝色粉末

沸点：无

闪点：无

熔点：275℃

气味：无味

密度：无

溶解性：微溶于水，溶于酸和碱溶液

2. 实验室安全性及使用规范

2.1 危险品标识

2.2 危险性评述

水合酒石酸铜无毒，吞服、吸入及皮肤接触有害。

2.3 安全使用说明

避免接触皮肤和眼睛。

保存时，需将容器密封，置于阴凉且干燥通风处。打开的容器必须在惰性气体保护下重新仔细密封，并保持直立，以防止泄漏。

2.4 急救及消防措施

2.4.1 急救

若发生吸入性损害，把患者移至通风环境中。如果患者不能呼吸，立即进行人工呼吸并咨询医生。

若接触皮肤，立即用肥皂和大量清水冲洗接触部位。

若不慎入眼，立即用大量清水冲洗眼睛至少 15 min，防止进一步损伤。

若发生误食吞服，立即用清水漱口，并咨询医生。

2.4.2 消防措施

如果产生明火并引发火灾，使用水喷雾、耐乙醇泡沫、干粉或二氧化碳灭火器灭火。

卢卡斯试剂（Lucas reagent）

1. 基本信息

化学式：$ZnCl_2 \cdot HCl$　　摩尔质量：172.70 g/mol

气味：无味　　性状：无色透明溶液

2. 实验室安全性及使用规范

2.1 危险品标识

2.2 危险性评述

卢卡斯试剂为浓盐酸与无水氯化锌的混合物。吞服有害，会引起皮肤灼伤和严重的眼睛损害。对水生生物有毒，影响持久。

2.3 安全使用说明

避免接触皮肤和眼睛。取用时需佩戴手套、护目镜等加以保护。

保存时，需将容器密封，置于阴凉且干燥通风处。打开的容器必须重新仔细密封，并保持直立，以防止泄漏。

2.4 急救及消防措施

2.4.1 急救

若发生吸入性损害，把患者移至通风环境中。如果患者不能呼吸，立即进行人工呼吸并咨询医生。

若接触皮肤，立即脱去被污染的衣物，用肥皂和大量清水冲洗接触部位并咨询医生。

若不慎入眼，立即用大量清水冲洗眼睛至少 15 min，防止进一步损伤。

若发生误食吞服，立即用清水漱口，让患者喝水（最多两杯）并咨询医生，避免催吐。

2.4.2 消防措施

如果产生明火并引发火灾，使用水喷雾、耐乙醇泡沫、干粉或二氧化碳灭火器灭火。

托伦试剂（Tollen reagent）

1. 基本信息

硝酸银的氨溶液　　别称：银氨溶液

气味：无味　　性状：无色透明溶液

2. 实验室安全性及使用规范

2.1 危险品标识

2.2 危险性评述

托伦试剂中含氢氧化二氨合银，具有腐蚀性和碱的通性。

托伦试剂只能现配，放久将易析出具有爆炸性的黑色氮化银。

本品吞服有害，会引起皮肤灼伤和严重的眼睛损害。

2.3 安全使用说明

避免接触皮肤和眼睛。取用时需佩戴手套、护目镜等加以保护。

保存时，需将容器密封，置于阴凉且干燥通风处。打开的容器必须重新仔细密封，并保持直立，以防止泄漏。

2.4 急救及消防措施

2.4.1 急救

若发生吸入性损害，把患者移至通风环境中。如果患者不能呼吸，立即进行人工呼吸并咨询医生。

若接触皮肤，立即脱去被污染的衣物，用肥皂和大量清水冲洗接触部位并咨询医生。

若不慎入眼，立即用大量清水冲洗眼睛至少 15 min，防止进一步损伤。

若发生误食吞服，立即用清水漱口，让患者喝水（最多两杯）并咨询医生，避免催吐。

2.4.2 消防措施

如果产生明火并引发火灾，使用水喷雾、耐酒精泡沫、干粉或二氧化碳灭火器灭火。

费林试剂（Fehling reagent）

1. 基本信息

硫酸铜与酒石酸钾的碱溶液

气味：无味　　　　　　　　性状：深蓝色溶液

密度：1.255 g/mL（20℃）

2. 实验室安全性及使用规范

2.1 危险品标识

2.2 危险性评述

费林试剂显弱氧化性，吞服、吸入及皮肤接触有害。

2.3 安全使用说明

避免接触皮肤和眼睛。

保存时，需将容器密封，置于阴凉且干燥通风处。打开的容器必须在惰性气体保护下重新仔细密封，并保持直立，以防止泄漏。

2.4 急救及消防措施

2.4.1 急救

若发生吸入性损害，把患者移至通风环境中。如果患者不能呼吸，立即进行人工呼吸并咨询医生。

若接触皮肤，立即用肥皂和大量清水冲洗接触部位。

若不慎入眼，立即用大量清水冲洗眼睛至少 15 min，防止进一步损伤。

若发生误食吞服，立即用清水漱口，并咨询医生。

2.4.2 消防措施

如果产生明火并引发火灾，使用水喷雾、耐乙醇泡沫、干粉或二氧化碳灭火器灭火。

第二章　化学危险品标识

第三章 有机化学常用软件、参考书、网站、期刊

一、常用软件

1. 结构绘制软件

1.1 ChemOffice

ChemOffice（全称为 CambridgeSoft ChemOffice），是一款应用于化学专业的软件，为广大从事化学、生物研究领域的科研人员个人使用而设计开发的产品，以方便其进行化学生物结构绘图、分子模型及仿真操作，可以将化合物名称直接转为结构图，省去绘图的麻烦；也可以对已知结构的化合物命名，给出正确的化合物名。ChemOffice 由 ChemDraw（化学绘图）、ChemFinder（化学信息搜寻整合系统）和 Chem3D（化学分子模拟及仿真）三个模块组成。

1.1.1 ChemDraw

ChemDraw 具有简单易懂、画图快、结构精确特点，深受化学工作者的青睐，可以将化合物名称直接转为结构图，省去绘图的麻烦，并根据已知结构的化合物命名，给出正确的化合物名称，是世界上最受欢迎的化学结构绘图软件之一，也是各种期刊要求的化学结构绘图软件。结合 Chem3D 模块，可为 ChemDraw 绘制的化合物二维结构提供 3D 分子轮廓图及分子轨道特性分析，并能与多种量子化学软件结合在一起。在兼容方面完美地融合了 Office 软件和 Chem3D 等软件，操作界面简洁。

1.1.2 Chem3D

Chem3D 可以提供工作站级的 3D 分子轮廓图及分子轨道特性分析，并和数种量子化学软件结合在一起。由于 Chem3D 提供完整的界面及功能，已成为分子仿真分析最佳的前端开发软件。

1.1.3 ChemFinder

ChemFinder 是一个智能型的快速化学搜寻引擎，所提供的 Chem Info 信息系统是目前世界上最丰富的数据库之一，包含 ChemACX、ChemINDEX、ChemRXN、ChemMSDX，并不断有新的数据库加入。可以建立化学数据库、储存及搜索，或与 ChemDraw、Chem3D 联合使用，也可以使用现成的化学数据库。

1.2 KingDraw

KingDraw 是一款国产化学编辑器软件，具有分子结构绘制与图像输出、3D 可视化模型建构、化合物数据信息检索等功能，以及跨平台、无费用、中文操作界面等优点，能够在有机化学教学中起到良好的辅助作用。KingDraw 软件集成了一个简单易用的化合物百科数据库，收录了大量物质的基础数据。当输入分子式或通过网页集成的化学结构编辑器搜索指定的化合物信息时，数据库可以快速匹

配并显示化合物的相关性质，主要包括结构、名称及标识符（同义词、化学名称与俗名等）、物理和化学性质及光谱信息（包含该物质的质谱、核磁共振谱、紫外-可见-红外光谱信息等），同时附有部分图表。通过该化合物百科数据库，可以轻松了解物质的结构与性质信息。

2. 数据处理软件

2.1 Origin

Origin 是一款应用广泛的数据处理软件，该软件主要特点为使用简单。该软件采用直观的、图形化的、面向对象的窗口菜单和工具栏操作，全面支持鼠标右键、支持拖放式绘图等，主要包含两大类功能：数据分析和绘图。数据分析包括数据的排序、调整、计算、统计、频谱变换、曲线拟合等各种完善的数学分析功能。准备好数据后进行分析时，只需选择所要分析的数据，然后再选择相应的菜单命令就可。Origin 的绘图是基于模板的，自身提供了几十种二维和三维绘图模板而且允许用户自己定制模板。绘图时，只要选择所需要的模板即可。用户可以自定义数学函数、图形样式和绘图模板；可以和各种数据库软件、办公软件、图像处理软件等方便地链接；可以用 C 语言等高级语言编写数据分析程序，还可以用内置的 Lab Talk 语言编程等。

2.2 红外光谱、核磁共振、质谱及晶体等专用的解析软件

红外光谱、核磁共振、质谱及晶体等专用的解析软件有 Omnic、Bruker TopSpin、Data Explorer、SHELXL 等。Omnic 是一款为专业人员所设计的红外光谱分析软件，主要为用户提供分析和处理红外图谱功能，能够读取和分析处理世界上大多数厂家的红外图谱。Bruker TopSpin 是 Bruker 核磁共振仪配套的核磁共振数据分析软件，拥有核磁共振数据分析及核磁图谱的采集和处理功能，可应用于绝对定量、结构阐述、非均匀采样及结构阐述，有着非常直观的界面，同时也是核磁共振数据分析和核磁共振谱采集与处理的行业标准。Data Explorer 软件拥有先进的分析技术，可以快速打开质谱图，对其中的数据进行处理和优化，从而生成符合要求的质谱图，在化学、生物学、分子学等领域运用广泛。SHELXL 是为晶体结构精修而编写的程序，虽可以解析尺寸在 0.25 nm 及更大的大分子化合物数据的结构，但主要是为了处理小分子结构而编写的，包括对小分子晶体衍射数据的分析、结构解析、结构精修等功能。

2.3 图形设计软件

2.3.1 Visio

Visio 是一种专业的化工绘图软件，作为微软办公软件 Office 系列软件之一，可以将构思迅速转换成图形的流程视觉化应用软件。拥有超过 60 种模板和数以千计的形状；具有直观的绘图方式，可以通过鼠标操作轻易地绘制出专业的图形，动态生成数据图表。通过与 Office 文档链接，读取存储在文档中的相应数据，并自动地生成图表，把数据可视化。

2.3.2 Adobe Illustrator

Adobe Illustrator 是 Adobe 公司旗下一款优秀的矢量图绘图软件，由于其功能强大、与 Photoshop 操作相似性高、界面人性化等特点，长久以来深受各行绘图工作者的喜爱，广泛应用于出版、多媒体和在线图像的工业标准矢量图制作中，也可用于自定义图画绘制。

2.4 文献管理软件

2.4.1 EndNote

EndNote 是著名的参考文献查找和引用管理软件，拥有上百万用户，可有效地收集、整理、插入参考文献，提高文献利用率。能实现主题书目在线查找，灵活的图片管理。该软件支持 Palm OS，能以灵活的方式收集参考文献。此软件的优点：一是能根据期刊要求，自动生成对应格式的参考文献，便于文章写作时引用；二是方便查找，可以将下载的文献全部导入软件中，按照一定顺序排列文档。

2.4.2 Reference Manager

Reference Manager 是一个专门设计来管理书目参考文献的资料库程序，受到全球学术机构及商业、研究机构的研究人员、图书馆员和学生广泛地使用。该软件功能特色：①追踪再版馆藏；②编目特殊馆藏；③建立教职员出版品清单；④为学生建立指定阅读清单；⑤建立并维护部门的研究资料库；⑥为研究人员或图书馆赞助者管理新知通报服务；⑦快速地从草稿中准备格式化的内文引用文献和参考书目；⑧从不同的参考文献来源（如联机、光碟、网际网络资料服务）收集参考文献。

2.4.3 Note Express

Note Express 是学术研究、知识管理的必备工具，发表论文的好帮手。其核心功能涵盖“知识采集、管理、应用、挖掘”的知识管理的所有环节，具备文献信息检索与下载功能，可以用来管理参考文献的题录，以附件方式管理参考文献全文或者任何格式的文件、文档。数据挖掘的功能可以帮助用户快速了解某研究方向的最新进展、各方观点等。除了管理以上显性的知识外，类似日记、科研心得、论文草稿等瞬间产生的隐性知识也可以通过 Note Express 的笔记功能记录，并且可以与参考文献的题录联系起来。

2.5 计算机模拟软件

2.5.1 Discovery Studio（DS）

Discovery Studio（DS），基于 Windows/Linux 系统和个人电脑、面向生命科学领域的新一代分子建模和模拟环境。它服务于生命科学领域的实验生物学家、药物化学家、结构生物学家、计算生物学家和计算化学家，应用于蛋白质结构功能研究，以及药物发现。为科学家提供易用的蛋白质模拟、优化和药物设计工具。通过高质量的图形、多年验证的技术及集成的环境，DS 将实验数据的保存、管理与专业水准的建模、模拟工具集成在一起，为研究队伍的合作与信息共享提供平台。主要功能包括蛋白质的表征（包括蛋白-蛋白相互作用）、同源建模、分子力学计算和分子动力学模拟、基于结构药物设计工具（包括配体-蛋白质相互作用、全新药物设计和分子对接）、基于小分子的药物设计工具（包括定量构效关系、药效团、数据库筛选）和组合库的设计与分析等。DS也可以应用于生命科学及以下研究领域：新药发现、生物信息学、结构生物学、酶学、免疫学、病毒学、遗传与发育生物学、肿瘤研究。

2.5.2 PyMOL

PyMOL适用于创作高品质的小分子或是生物大分子（特别是蛋白质）的三维结构图像。软件的作者宣称，在所有正式发表的科学文献中的蛋白质结构图像中，有1/4是使用PyMOL来制作。PyMOL是少数可以用在结构生物学领域的开放源代码视觉化工具。软件以Py+MOL命名："Py"表示它是由一种计算机语言Python所衍生出来的，"MOL"表示它是用于显示分子（英文为molecule）结构的软件。

2.5.3 Materials Studio（MS）

Materials Studio（MS）是由Accelrys公司开发的一款主要用于量子力学、分子力学、介观模拟、仪器仿真和统计相关等多个领域的专业软件。由于其功能强大、操作简便，同样可以辅助化学教学，尤其应用于有机化学中涉及的化合物立体构型、电荷密度、分子轨道、波谱性质和反应机制等方面。该软件不仅可以研究小分子体系，还可以研究蛋白质、聚合物等大分子体系，而且可以应用于多种学科领域，如材料、化学、生物及物理等领域，掌握此软件的使用原理、方法，对于学生未来的科研之路也有所帮助。

2.5.4 Gaussian

Gaussian是一个功能强大的量子化学综合软件包。它由可执行程序Gaussian和可视化软件Gauss view 5共同组成，其中Gauss view 5用来建立分子模型，生成计算文件，同时也可以实现一些计算结果的可视化处理，以便清晰、直观地展示研究成果。计算部分则由可执行程序Gaussian 09运行完成，Gaussian 09可以在各种高性能服务器、台式计算机和超级计算机上安装使用，根据用户的不同计算需求，分别得到相应的计算结果。通过Gaussian软件，可以优化得到合理的分子结构、相对能量，分析不同路径上中间体的能量变化还可以得到最优的反应势能面。不仅如此，Gaussian软件还可以计算得到红外、紫外、拉曼等光谱信息和分子轨道信息及电荷分布信息。鉴于其强大的功能，Gaussian已经成为辅助现代化学科学研究的一项重要工具。

二、常用网站及网址

1. 国外化学信息资源导航系统

1.1 美国化学文摘网站（https://www.cas.org/）

美国《化学文摘》（*Chemical Abstracts*，CA）是由美国化学会（ACS）的化学文摘社服务部编辑出版（CAS）的化学化工专业文献检索期刊，创刊于1907年。CA广泛收集世界各国各类型的化学化工文献，目前选收期刊已达18 000种。据称其文献报道量覆盖全世界化学化工文献总量的98%。CA是涉及学科领域最广、收集文献类型最全、提供检索途径最多、部卷最为庞大的一部著名的世界性检索工具。它是查找化学化工文献的最重要工具，也是当今最享有盛誉的文摘刊物之一。

1.2 SciFinder数据库网站（https://scifinder.cas.org/）

它的前身就是美国《化学文摘》。1995年美国化学会推出了SciFinder联机检索数据库。2009年进一步推出了SciFinder Web这种基于网页形式的数据库一站式搜索平台。经过多年的发展与整合，SciFinder综合了全球200多个国家和地区的60多种语言的1万多份期刊，内容丰富全面。使用者能通过主题、分子式、结构式和反应式等多种方式进行检索。与一般数据库不同的是除了文献数据库外，它同时还具有物质与化学反应等七大数据库。例如，文摘数据库，包括CAplus，它覆盖了化学等相关众多学科领域的多种参考文献；MedLine美国国立医学图书馆，简称NLM，它出版的生命科学医学信息数据库也被SciFinder收纳旗下。物质数据库，包括Registry，世界上最大的物质数据库，收集了各种有机、无机物质与基因序列；ChemList，是查询备案/管控化学信息的工具，收集全球主要市场的管制化学品信息；Chemcats，它是收集各种化学品的商业信息的数据库，其中包括价格、质量等级、供应商信息等。专利数据库，包括Marpat，用于专利的马库斯Markush结构的搜索数据库，它收集了各种专利中的Markush结构。化学反应数据库，CASReact，这是一个反应信息数据库，收集了各种反应与制备信息。

1.3 Elsevier Science网站（https://www.sciencedirect.com/）

建立于1997年，属于著名的科学出版商爱思唯尔Elsevier Science拥有，是目前世界上最具规模的化学虚拟社区。它收录了化学研究、化学工业及其相关领域的资源，资源全面，并提供强大的搜索功能。由于它与原文数据库的无缝链接，使得化学家在搜索的同时，可以方便地获取原文。

Reaxys数据库（https://www.reaxys.com/）由爱思唯尔公司旗下出品，是内容丰富的化学数值与事实数据库，基于网络访问，无须安装客户端软件。检索界面简单易用，可以用化合物名称、分子式、CAS登记号、结构式、化学反应等进行检索，并具有数据可视化、分析及合成设计等功能。它能帮助用户识别有前景的新项目，终止无效的先导化合物，设计经济、高产率的合成路线，最大程度节省时间和成本。Reaxys将贝尔斯坦（Beilstein）、专利化学数据库（Patent）和盖墨林（Gmelin）的内容整合为统一的资源，涵盖最全面的有机化学、金属有机化学和无机化学的大量经实验验证的信息。包含了2800多万个反应、1800多万种物质、400多万条文献。

1.4 CrossFire Beilstein Database

世界最全的有机化学数值和事实数据库，时间跨度从1771年至今；包含化学结构相关的化学、物理等方面的性质；包含化学反应相关的各种数据；包含详细的药理学、环境病毒学、生态学等信息资源。

1.5 Patent Chemistry Database

收录 1869 ～ 1980 年的有机化学专利；收录 1976 年以来有机化学、药物（医药、牙医、化妆品制备）、生物杀灭剂（农用化学品、消毒剂等）、染料等的英文专利（WO、US、EP）。

1.6 CrossFire Gmelin Database

收录 1772 年至今，全面的无机化学和金属有机化学数值及事实数据库。包含详细的理化性质，以及地质学、矿物学、冶金学、材料学等方面的信息资源。

1.7 Web of Science 网站（https://apps.webofknowledge.com/）

应 Internet 网络的迅猛发展和科研人员对学术信息服务更高的要求，美国科学信息研究所（ISI，Institute for Scientific Information）推出了 Web of Science 网络平台。该数据库是大型综合性、多学科、核心期刊引文索引数据库，包括三大引文数据库（科学引文索引 Science Citation Index，简称 SCI）、社会科学引文索引（Social Sciences Citation Index，SSCI）和艺术与人文科学引文索引（Arts & Humanities Citation Index，A&HCI）及两个化学信息事实型数据库（Current Chemical Reactions，CCR 和 Index Chemicus，IC）。ISI Web of Science 是全球最大、覆盖学科最多的综合性学术信息资源，收录了自然科学、工程技术、生物医学等各个研究领域最具影响力的超过 8700 多种核心学术期刊。该数据库以 ISI Web of Knowledge 作为检索平台，具有丰富而强大的检索功能——普通检索、被引文献检索、化学结构检索。可以方便快速地利用该数据库找到有价值的有机化学相关领域的科研信息，全面了解有关有机化学某个领域或具体相关课题的研究信息。Web of Science 还具有强大的分析功能，能从中了解到相关课题的核心研究机构和人员、课题的起源和发展趋势、本课题相关的国际论文的投稿方向、课题涉及的相关和交叉学科等信息。同时该库对文献还具有严格的评价功能，对于有机化学学科领域的文献科学评价十分有用。

1.8 英国皇家化学会官方网站（https://www.rsc.org/）

该资源导航系统包括书籍（Books）、环境（Environmental）、数据库（Databases）、期刊（Journals）、职业（Careers）、商业（Business）、软件（Software），应用化学（Applied Chemistry）、纯化学（Pure Chemistry）、生物及医药化学（Biological and Medicinal Chemistry）、协会组织（Societies and Organizations），会议（Conferences & Virtual Meetings）、分析化学（Analytical Chemistry）、在线课程（Online Courses）、教育组织（Educational Institutions）、教育教学资源（Education & Teaching Resources）等。它提供的 Web Links 是一个优秀的化学资源导航系统并能提供简单的检索功能。

1.9 Organic Synthesese（http://www.orgsyn.org/）

《有机合成》（*Organic Synthesese*，常缩写为 Org. Synth.）是一个化学领域的学术期刊。《有机合成》为年刊，于 1921 年创刊，提供各种有关有机合成的资料。1998 年，其编者决定将以前和以后要发行的期刊放到互联网上，开放权限，任何人都可浏览。《有机合成》的发表过程独特，发表之前草稿中的所有试验程序都送至其他试验单位重复审查，具有指导作用和参考价值。

1.10 Chem Spider（http://www.chemspider.com/）

Chem Spider 是一个免费的化学结构数据库，建立的目的是将化学结构式与其相关信息整合在一起并将其编入索引，在一个单一并可供搜索的数据库中，通过集成和链接来自数百个高质量数据源的化合物，使研究人员通过一次搜索尽可能全面地获取免费可用的化学数据。它主要致力于在网络上收集化学数据、改进公共化学数据源的质量、为数据的添加和保存提供一个发布平台、提高数据的可获得性和可重用性、与出版物整合。

2. 国内化学信息资源导航系统

2.1 中国期刊全文数据库（http://www.cnki.net/）

中国期刊全文数据库又称 CNKI 或知网，收录 1994 年至今国内公开出版的 8200 多种重要期刊的全文，数据完整性达到 98%，内容覆盖理工 A（数理化天地生）、理工 B（化学化工能源与材料）、理工 C（工业技术）、农业、医药卫生、文史哲、经济政治与法律、教育与社会科学、电子技术与信息科学 9 大专辑，126 个专题文献数据库，网上数据每日更新。其检索方法简单，涵盖文献类型广泛，包括学术期刊、博士学位论文、优秀硕士学位论文、工具书、重要会议论文、年鉴、专著、报纸、专利、标准、科技成果、知识元、哈佛商业评论数据库、古籍等。

2.2 万方数据知识服务平台（https://www.wanfangdata.com.cn/）

本平台收录了 1997 年至今 4529 种科技期刊全文，内容涉及自然科学和社会科学各个专业领域，包括学术期刊、学位论文、会议论文、专利技术、中外标准、科技成果、政策法规、新方志、机构、科技专家等子库。

2.3 维普资讯中文期刊资源（http://www.cqvip.com/）

维普资讯中文期刊资源收录了 1989 年至今的 9000 余种期刊刊载的 1200 多万篇文献，并以每年 200 万篇左右的速度递增，内容涵盖自然科学、工程技术、农业、医药卫生、经济、教育和图书情报等学科的 9000 余种中文期刊数据资源。

综上所述，三大中文期刊都大量收录了国内学术期刊，所收录期刊的重复率很高。

CNKI 在国内高校中的普及程度非常高，万方数据知识服务平台以收录学位论文全面而著名，而维普资讯中文期刊资源虽然仅收录期刊论文，但包含的期刊种类却是最多的。

3. 其他功能性网站

3.1 e-EROS（https://onlinelibrary.wiley.com/）有机合成试剂百科全书

3.2 Total Synthesis Database（https://synarchive.com/molecule/）有机合成反应流程

3.3 CAMEO（http://zarbi.chem.yale.edu/products/cameo/index.shtml/）预测有机化学反应产物

3.4 Named Organic Reactions Collection from the University of Oxford（http://chem.ox.ac.uk/）有机合成中的人名反应查询

3.5 NMR Spectroscopy 核磁共振结构波谱（https://organicchemistrydata.org/hansreich/resources/nmr/）

3.6 中国科学院上海有机化学研究所化学专业数据库，可查找图谱和其他各种数据（http://www.organchem.csdb.cn/scdb/）

3.7 Dynamic Periodic Table 元素周期表及其物理化学性质、原子轨道、同位素和相关化合物（https://old.ptable.com/）

三、参考书

1.《Beilstein 有机化学手册》：世界上最大的有机化学数值与事实数据库，从各个途径收集有机化合物的结构、物理化学性质、药理学、毒理学信息，经过审阅、汇编而成。

2.《有机化合物字典》（Heibron et al，*Dictionary of Organic Compounds*，5th ed）：共五卷，另加第一补篇（1983）、第二补篇（1985）及两本索引（化合物名称索引、分子式索引）现有 5 万个化合物条目，条目还包括官能团衍生物，所以共有约 15 万个化合物。条目内容包括物理性质、合成、质谱、碳谱、氢谱、危险性与毒性。

3.《CRC 化学与物理手册》（*CRC Handbook of Chemistry and Physics*）：定期再版，是实验工作必备的手册，有无机、有机、金属有机化合物的物理常数表，非常有用，表中的有机化合物按 IUPAC 规则命名。此外，该手册还收集了许多实验室常用的数据与方法，如共沸混合物、溶度积、蒸气压、指示剂的配制、单位的换算等。

4.《有机反应》（*Organic Reactions*）：第一卷出版于 1942 年，每隔一两年出一卷，每卷讨论几个反应，对有关反应机制、反应条件、使用范围及反应实例等均做出了详细的讨论，在每卷末有累积主题索引与累计作者索引。

5.《有机物的合成方法》（*Theilheimer's Synthetic Methods of Organic Chemistry*）：1946 年开始出版，每年出一卷，报道有机化合物新的合成方法、已知合成方法的改进等。有卷索引与五年积累索引，也有主题索引和反应符号索引。

6.《有机化合物化学》（*Rodd's Chemistry of Carbon Compounds*，2nd ed.）：1946 年开始出版，共 5 卷 30 本，是有机化学的大型参考书。

7.《有机化学》（王积涛，王永梅，张宝申，胡青眉，庞美丽），第 3 版，天津：

南开大学出版社，2009。

8.《有机化学》（胡宏纹），第 4 版，北京：高等教育出版社，2013。

9.《高等有机化学：反应和机理》（B.Miller 著，吴范宏译，荣国斌校），原著第 2 版，上海：华东理工大学出版社，2005。

四、期刊杂志

1.《化学文摘》（*Chemical Abstract*）：由美国化学会化学文摘服务社编辑出版，是世界上最有影响的大型文献检索体系。《化学文摘》文献资料范围广，报道速度快，索引系统完善，是检索化学文摘信息最有效的工具。

2.《美国化学学会杂志》（*Journal of American Chemistry Society*）：是世界各国摘引最多的刊物之一，主要刊载化学各领域的原始论文和研究简讯。

3.《化学通报》（*Chemistry*）：由中国化学会主办的综合性学术期刊，主要反映国内外化学及交叉学科的进展，介绍新的知识和实验技术，报道最新科技成果。

4.《中国化学快报》（*Chinese Chemical Letters*）：由中国化学会主办，中国医学科学院药物研究所承办的刊物，内容覆盖我国化学研究大部分领域，及时报道我国化学领域研究的最新进展及热点问题。

5.《自然》（*Nature*）：由英国创刊于 1869 年，是世界上最早的国际性科技期刊，承诺将科学研究和科学发现的伟大成果展示于公众面前。

6.《科学》（*Science*）：由美国创刊于 1883 年，是国际上著名的自然科学综合类学术期刊，刊载的论文涉及所有科学学科，特别是物理学、生命科学、化学、材料科学和医学中最重要的、激动人心的研究进展。

7.《中国科学》（*Science in China*）：由中国科学院主办，是自然科学专业性学术刊物，以论文形式报道我国基础研究和应用研究方面具有创造性的、高水平的和有重要意义的科研成果，以促进国内外的学术交流。

8.《化学学报》（*Acta Chimica Sinica*）：由中国化学会主办，中国科学院上海有机化学研究所编辑的涉及化学各领域的综合性化学期刊。它主要刊载学术价值高、具有原创性的研究成果，其主要栏目有研究论文、研究通信、研究简报及研究专题等。

9.《化学进展》（*Progress in Chemistry*）：由中国科学院基础研究局、中国科学院化学部、中国科学院文献情报中心、国家自然科学基金委员会化学科学部主办，以刊登化学领域综述与评价性文章为主的学术性期刊。